中小型柴油机排气消声器设计及声学性能研究

伏 军 袁文华 著

华中科技大学出版社
中国·武汉

图书在版编目(CIP)数据

中小型柴油机排气消声器设计及声学性能研究/伏军,袁文华著. —武汉:华中科技大学出版社,2022.11

ISBN 978-7-5680-8672-1

Ⅰ.①中… Ⅱ.①伏… ②袁… Ⅲ.①柴油机-消声器-研究 Ⅳ.①TK423.4

中国版本图书馆 CIP 数据核字(2022)第 207911 号

中小型柴油机排气消声器设计及声学性能研究

Zhongxiaoxing Chaiyouji Paiqi Xiaoshengqi Sheji ji Shengxue Xingneng Yanjiu

伏　军　袁文华　著

策划编辑:王　勇

责任编辑:戢凤平

封面设计:廖亚萍

责任监印:周治超

出版发行:华中科技大学出版社(中国·武汉)　　电话:(027)81321913

武汉市东湖新技术开发区华工科技园　　邮编:430223

录　　排:武汉市洪山区佳年华文印部

印　　刷:武汉科源印刷设计有限公司

开　　本:710mm×1000mm　1/16

印　　张:11.25

字　　数:187 千字

版　　次:2022 年 11 月第 1 版第 1 次印刷

定　　价:59.80 元

本书若有印装质量问题,请向出版社营销中心调换

全国免费服务热线:400-6679-118　竭诚为您服务

版权所有　侵权必究

柴油机因具有良好的动力性、经济性和耐久性等优点而被广泛地应用在各种动力装置上。但柴油机在工作过程中会持续不断地产生排气噪声，从而对人们的身心健康造成伤害。随着柴油机保有量的增加，碳烟及噪声所造成的环境污染也越发严重。伴随着日益严格的环境法规的出台，噪声限值和污染物排放限制都提升到更加严格的水平，因此必须对柴油机采取切实可行的净烟、降噪措施。而柴油机的尾气排放问题长期以来未受到足够重视，甚至一些农用柴油机依旧没有采取尾气净烟措施，且安装的消声器存在消声效果不佳的问题。因此针对柴油机设计具有微粒净化和尾气消声功能的装置并进行声学上的研究具有非常重要的经济效益和社会效益。

本书以国家自然科学基金项目“柴油机缸内湍流和化学反应共同作用下的混合气形成机理”(91541121)、国家自然科学基金项目“微型自由活塞发动机HCCI催化燃烧稳定性机理与多场协同优化研究”(52076141)、湖南省自然科学基金项目“氨气/生物柴油反应活性控制压燃着火燃烧调控机理研究”(2022J50025)、湖南省教育厅重点研发项目“动力机械阻抗复合多腔消声器耦合声学特性研究”(19A453)、校企合作项目“柴油动力装置排气后处理关键技术研究”(2022HX16)、邵阳市科技计划项目“柴油车微粒排放后处理系统的研发”等为研究依托，以中小型农用柴油机所匹配的排气消声器为研究对象，以高性能的排气噪声控制和微粒净化控制为研究目标。首先基于柴油机流场的声学理论和性能评价指标，提出排气净化消声器的设计方案。然后通过搭建新型净化消声装置试验台架，重点考察该装置在发动机负荷特性下的声压、油耗和烟度等数据，验证了仿真模型的正确性以及设计方案的可行性；并基于 Fluent 和 LMS 软件联合仿真研究消声器流场和消声特性，通过数值仿真得到其内流场的速度云图、压力云图、声压级云图以及传递损失图，计算出相应的压力损失和各频段的传递损失值。同时，在保证净化消声器具有合理的净化功能的前提下，采用遗传算法与传递矩阵方法对净化消声器进行了结构优化，以利于排气净化消声器在特定频段内的降噪。最后对消声器的结构进行优化，针对隔板孔密度、长短轴之比和长径比等结构因子对消声器的流场及声学特性的影响规律进行了探讨研究，总结结构参数的影响规律，为后续进一步改进提供理论依据。

本书可为具有微粒净化和尾气消声功能的消声器的结构设计、性能分析、结构改进、结构参数影响规律探讨等提供理论依据和技术参考，其中一些研究方法和成果对其他类型的消声装置的研究也具有重要的参考价值。

本书整合了著者指导的研究生课题组相关研究成果，特别感谢陈伟、康文杰、张增峰、徐明辉、郑唯、王伟晟、李放、程越、曹玉刚、吴磊、黄雅兰、黄启科、李光明、马仪、王本亮、陈政宏等人在本书的撰写过程中所做的大量工作。由于作者的水平有限，书中难免出现错误和疏漏，恳请读者批评和指教。

著　者

2022 年 9 月

目录

CONTENTS

第1章 绪论

1.1 研究背景与意义

2021年2月25日全国脱贫攻坚总结表彰大会在京隆重举行，标志着我国脱贫攻坚战的伟大胜利，习近平总书记指出：脱贫攻坚取得胜利后，要全面推进乡村振兴，这是“三农”工作重心的历史性转移；要坚决守住脱贫攻坚成果，做到脱贫不返贫，做好巩固拓展脱贫攻坚成果同乡村振兴有效衔接。与此同时，以“全面推进乡村振兴加快农业农村现代化”为主题的中央一号文件正式出炉，文件中强调：围绕推动农业农村现代化开好局、起好步，强化现代农业科技和物质装备支撑、构建现代乡村产业体系、推进农业绿色发展[1]。湖南省积极响应国家号召，坚定农村农业“现代化”发展思路，大力推动农业机械化发展[2-5]。柴油机作为农业机械动力中的中流砥柱，其重要性不言而喻。为实现农业现代化的总目标，农机产品的需求量大大增加。

柴油机动力的使用极大地提高了生产效率，为农业生产提供了便利，但同时也带来了诸多负面影响，噪声作为柴油机主要污染之一，违背了“绿色”发展理念[6]。在噪声污染中，高频噪声会随着传播距离的增加或障碍物的阻挡反射迅速衰减，但中低频噪声具有传递衰减缓慢、穿透力强等特点，相比于高频噪声不易在传播过程中耗散。除此以外，农业机械的操作位置距离噪声源较近，对人体健康会造成巨大危害，严重时会导致睡眠质量、记忆力、专注力的下降。为此，对以柴油机为动力的农业机械的噪声进行控制变得尤为重要。目前，对噪声的控制主要有三种措施：① 防止噪声的产生，即通过减弱噪声声源实现噪声控制；② 阻断、干涉噪声传播，即在噪声传播路径上通过对声波的干涉、吸收等方式实现噪声控制;③ 防止噪声进入人耳。对于以上三种措施,由于排气噪声是由发动机排出废气时,排气门处的涡流声、喷流声以及在排气门、排气歧管及排气管口处出现的高温、高压气体之间的剧烈碰撞而产生的,这一问题的解决通常需要在发动机产品设计阶段针对噪声问题对其结构和工作方式等进行创新型设计,需要耗费巨大的人力和物力,成本较高;防止噪声进入人耳需要操作者佩戴专业降噪设备,会大大增加农民从事农业生产时的成本,因此主要考虑在传播路径及传播过程中对声波进行干涉和吸收的方法来控制排气噪声。而在对排气噪声进行控制时安装排气消声器成为一种直接且有效的方式。

1.1.1 柴油机排放中微粒的影响

柴油机主要排放物为PM(颗粒状物质)和NO_x(氮氧化物),柴油机所排放的微粒的主要成分是碳,它可以深入人的肺部,损伤肺内各种通道的自净功能,从而使其他化合物产生致癌作用。这些炭粒上还吸附有很多有机物质(包括多环芳烃),这些有机物质有不同程度的诱变和致癌作用。

柴油机尾气污染物催化净化原理、方法和技术的研究是当今世界环境催化领域的热门和难点课题之一。随着环保法规的日趋严格,柴油机尾气污染物对环境的污染和对人体健康的危害越来越受到人们的重视。

柴油机尾气排放的控制应该从燃油品质、内燃机技术和尾气后处理技术等方面同时着手,配套使用,协调发展。对于燃油品质,国外采用低硫或无硫的清洁柴油,以降低柴油机尾气的排放,同时有利于催化后处理技术的使用。由于NO_x和PM在生成机理上存在“trade-off”(此消彼长)的关系,通过机内改良技术努力减少其一,必然导致另一污染物的增加,因此机内改良技术是不能将NO_x和PM同时消除的。只有将燃油品质、机内改良和后处理技术有机结合,才能使柴油机尾气排放满足日益严格的环保法规。

1.1.2 柴油机排放噪声的影响

柴油机使用时所带来的排放噪声污染和尾气排放的气体污染也随其保有量的持续增长而日益严重[7]。柴油机排气噪声占柴油机噪声的30%以上,其噪声声压级可高出燃烧噪声和机械噪声10 dB(A)以上,是柴油机工作过程中的主要噪声源之一。随着柴油机性能的不断提高,其转速和动力有了很大提升,这也导致了其排气流速的增大,排气噪声也因此有所增加。在使用柴油机时,工作人员往往与柴油机相距不远,柴油机工作时噪声可达 100 dB(A)以上,而噪声达到 70 dB(A)就已经被认为非常嘈杂。工作环境中的高噪声会使人体产生局部振动及全身振动,对人体健康产生多方面影响,使人受到生理和心理的双重伤害。长期暴露在高强度、高频率噪声环境下,会使人听力衰退。柴油机工作时连续不断的噪声是最令人苦恼的,它不仅会造成工作人员身体和心理上的伤害,还会降低工作的效率[8]。

1.2　排气消声器研究现状

抗性消声器作为一种重要的消声器,其主要在中低频范围内具有较好的消声效果,如何有效提高消声性能及拓宽消声频带一直受到广泛关注与高度重视,许多学者对其进行了深入的研究。

国外研究现状。关于抗性消声器的声学性能的研究,Miles J 首先根据一维声线法对圆柱形消声器的内部反射、折射问题进行了计算[9]。EI-Sharkawy A I 等人将一维解析法拓展为二维轴对称结构下的解析方法,并以此为理论基础对不同长径比的扩张腔的消声量与消声频带进行对比[10]。Munjal M L 在其专著中通过求解圆柱坐标系下亥姆霍兹方程,推导得出了消声器的进出口端声压,进而求出抗性消声器的声传递矩阵,对不同形状声腔的消声量进行了理论分析[11]。Vjayasree N K 等人基于传递矩阵法对多级抗性消声器的声学性能进行了仿真计算,将解析解与数值解进行对比,指出了解析解的有效区间,并对不同尺寸的多腔抗性消声器传递损失进行了评估[12-15]。

国内研究现状。安君等人为弥补单腔抗性消声器消声频带窄,无法适应噪声频率多变的实际环境的缺点,提出了一种具有自适应调节功能的亥姆霍兹消声器[16]。刘海涛结合大涡模拟和声比拟方法,对抗性消声器膨胀腔消声单元内部的流场及气流再生噪声进行了分析。研究结果表明穿孔管膨胀腔通过阻断强剪切层的形成可以有效抑制腔内低频气流再生噪声,并且随着气流速度的增加,抑制效果向中高频范围扩展;穿孔管膨胀腔对气流再生噪声声压级的抑制效果随着气流速度的增加而增强[17]。孙伟明等人利用声学有限元理论分析三腔式消声器的声学性能，指明在扩散腔内增加插入管可以提高消声器的传递损失，且插入管孔径及穿孔率对传递损失的影响主要表现在高频段内[18]。张永波等人将内插管双腔消声器等效为并联线路，通过推导并联线路的声传播特性得出了内插管双腔消声器的声传递矩阵，进而求得其传递损失及插入损失[19]。张国勇等人采用试验和数值分析相结合的方法对抗性消声器排气背压和消声特性进行了分析[20]。毕嵘等人应用解析法和有限元法研究了多入口多出口抗性消声器的声学特性，分析了进出口管相对角度、偏置距离、进出口管数量和穿孔管结构参数对消声器声学特性的影响，并指出多入口多出口能同时提高消声器的声学性能和阻力特性[21]。

1.2.1 阻性消声器

阻性消声器是利用声波在多孔性吸声材料或吸声结构中传播，因摩擦将声能转化为热能而散发掉，使沿管道传播的噪声随距离而衰减，从而达到消声目的的消声器。常用吸声材料有玻璃纤维丝、低碳钢丝网、毛毡等。这类消声器对中高频噪声具有良好的消声效果，而低频消声性能较差。

技术要求：

(1) 阻性消声器是利用声波在多孔且连通的吸声材料中摩擦而吸收声能来消声的，一般有直管式、片式、蜂窝式、折板式和声流式等。由于含有多孔的吸声材料，因此阻性消声器不能用于有蒸汽侵蚀或高温的场合。

(2) 阻性消声器对消除中高频噪声效果显著，对低频噪声的消除则不是很有效，其消声量与消声器的结构形式、空气通道横断面的形状与面积、气流速度、消声器长度，以及吸声材料的种类、密度、厚度等因素有关，护面材料及其形式对消声效果也有很大影响。

(3) 护面材料可采用柔软多孔透气的织物，如玻璃纤维布和穿孔板。

(4) 护面用的穿孔板一般采用薄钢板、铝板、不锈钢板加工制成。为了发挥吸声材料的吸声性能，穿孔板的穿孔率应大于20%，孔径为3～10 mm。

1.2.2 抗性消声器

抗性消声器是通过管道截面的突变处或旁接共振腔等在声传播过程中引

起阻抗的改变而产生声能的反射、干涉,从而降低由消声器向外辐射的声能,以达到消声目的的消声器。一种将声波反射回声源的消声器,其内采用膨胀和共鸣器等结构使阻抗失配以反射声波,主要用于空气压缩机、汽车发动机和其他活塞发动机的进气口和排气口,特别适合于低频噪声的消声及带有高温、易燃气体的情况。抗性消声器的最大优点是无须使用多孔吸声材料,耐高温,抗潮湿,在流速较大、洁净度较差的条件下仍可使用。抗性消声器是由突变界面的管和室组合而成的,与电学滤波器相似,每一个带管的小室是滤波器的一个网孔,管中的空气质量相当于电学上的电感和电阻,称为声质量和声阻。小室中的空气体积相当于电学上的电容,称为声顺。同样,每一个带管的小室都有自己的固有频率。当包含各种频率成分的声波进入第一个短管时,只有频率与第一个网孔的固有频率相近的声波才能通过网孔到达第二个短管口,而其他频率的声波则不可能通过网孔,只能在小室中来回反射,因此,我们称这种对声波有滤波功能的结构为声学滤波器。选取适当的管和室进行组合,就可以滤掉某些频率成分的噪声,从而达到消声的目的。抗性消声器适用于消除中低频噪声。

技术要求:

(1) 抗性消声器就是一组声学滤波器,滤掉某些频率成分的噪声,达到消声的目的,可分为共振式消声器和扩张式消声器等。它与阻性消声器最大的区别是没有多孔吸声材料。

(2) 共振式消声器是利用共振结构的阻抗引起声波的反射而进行消声的。它由小孔板和共振腔构成,主要用于消除低频或中频窄带噪声和峰值噪声。共振式消声器结构简单,空气阻力小。

(3) 扩张式消声器又称膨胀式消声器,由扩张室与连管连接而成。它是利用横断面积的扩张、收缩引起声波的反射与干涉来进行消声的。其消声性能主要取决于扩张室的扩张比和长度。

1.2.3 阻抗复合式消声器

阻抗复合式消声器是一款新型消声器。把阻性结构和抗性结构按照一定的方式组合起来,就构成了阻抗复合式消声器[22]。随着国内对柴油机排放要求的不断提高,将具有吸声及净化效果的阻性材料与具有降噪效果的抗性单元相结合，排气净化消声器应运而生。

排气净化消声器内部包括排气净化结构单元及排气消声结构单元，由于其同时具有净化柴油机尾气污染物和削弱柴油机排气噪声的功能，一体化的设计又能够在很大程度上节省柴油机的安装空间，因此国外对于排气净化消声器的应用研究起步较早。1972 年，Ted 等人[23]采用 V 型床配置完成了工程上第一款催化转化消声器的研发，这款催化转化消声器具有较好的空气动力学性能；1977 年，Charles 等人[24]设计了一款排气净化消声器，排气噪声可由腔室内部的穿孔室以及尾端的穿孔管进行衰减，另外在净化消声器的内部安装有轴流单片，其中的催化元素可对尾气进行处理；Hawley 在 1984 年发明了一种具有穿孔隔板及催化材料结构的排气净化消声器；1991 年，Glen Knight[25]发明了一种不同的环流净化消声器，它的主要结构包括催化转化器、共振腔以及穿孔管；2007 年 Galland 等人基于(u,p)公式和有限元相结合的方法计算了矩形净化消声器净化材料的传递损失，模拟结果与实测结果基本一致。2008 年 Kenneth[26]提出了一种较为复杂的净化消声器，发动机排气气流首先通过进气口的扩张管，然后流经催化转化器进行催化转化，最后先后通过两个穿孔管到达排气口。2013 年 Montenegro 等人[27]采用非线性 quasi-3D 方法对消声器的穿孔单元和吸声材料进行建模，同时进行了试验验证。2013 年 Chazot 等人[28]针对两腔且有吸声材料的消声器，采用 PUFEM 方法解决短波亥姆霍兹问题，并验证了该方法行之有效。2020 年 Ferrándiz 等人[29]介绍了一种拓扑优化方法，该方法通过优化吸声材料在室内的分布，使穿孔耗散消声器在目标频率范围内的声衰减最大化。

随着国内柴油机排放要求的逐渐严格，国产柴油机尾气后处理装置开始慢慢兴起，但到 21 世纪初国内才有相关论著出现。大连理工大学的刘文国[30]在 2003 年运用正交试验的方法将排气净化消声装置较优的设计参数进行了组合，并发现穿孔隔板的穿孔率较大时，发动机的油耗较低，穿孔隔板的穿孔率较小时，消声器的降噪功能和净化性能较好。2006 年至今，季振林教授的团队[31,32]在哈尔滨工程大学针对不同柴油机对排气净化消声器与排气消声器进行了设计研究，并对其性能进行了分析。2009 年，天津的高媛媛等人[33]对不同内部结构的催化消声器进行了研究，用声学有限元法对不同结构的催化消声器的传递损失进行了计算分析。2011 年，康钟绪等人[34]在清华大学通过实验及仿真方法对排气净化消声器一维及三维声学性能进行了研究，完成了实验值与仿真值的对比研究。2014 年，伏军教授等人[35-37]在邵阳学院完成了多款净化消声装置的设计，对柴油机安装原消声器以及安装排气净化消声装置下的烟度、声压级、耗油率等指标进行了较为详细的对比研究，结果表明，安装净化消声装置可以对柴油机排气噪声起到较好的削弱作用，并能够对柴油机尾气中的碳烟起到较好的捕集作用，而安装净化消声装置对柴油机原本的各项性能指标影响不大。2014 年，赵开琦等人[38]通过 Virtual Lab 声学仿真分析软件对船用柴油机净化消声器的声学性能进行了分析研究，根据净化基体、内插管、尾气流速、温度、出口管反射条件等因素对净化消声器消声效果的影响，给出了不同因素影响下的消声机理。2017 年至今，江苏大学的高端正等人[39]尝试安装排气净化消声装置与优化柴油机缸内燃烧状况相结合的方法，对低功率柴油机的噪声污染及尾气污染控制进行了研究。

1.2.4 空气动力学方面的研究进展

空气动力学性能是消声器综合性能评价的指标之一。以流体力学理论知识为基础，通过计算机进行模拟仿真计算能够比较真实地表达出消声器的流场、压力场、温度场等在消声器内部的分布状况，这为消声器的空气动力学性能的研究提供了很大的便利。

国内外对消声器的流场特性进行了比较多的研究。Lighthill 根据 Stokes-Navier 方程，建立了能够有效描述气流流动状况的 Lighthill 方程[40]。Golstin 根据格林函数方法深入地研究了运动物体在均匀介质下的发声问题，得到了广义的 Lighthill 方程[41]。A. J. Torregrosa 等人通过试验的方法分别研究了消声器的排气系统外部和消声器的尾管对流体再生噪声的影响，得到了两者对流体再生噪声的影响程度[42]。Hirata 较早发现管道中存在的气流会影响到消声器的消声特性[43]。Fukuda 和 Izumi 发现，气体从入口喷射到尾管时会产生很大的气流噪声[44-47]。方丹群和蔡超探讨了气流的存在对消声器的声学性能的影响[48,49]。刘丽萍就气流对消声性能的影响进行了较深入的研究[50-52]，主要研究了气流对不同的结构参数的消声器的消声效果的影响。随着计算机技术的发展,越来越多的学者应用CAE软件针对气流对不同结构参数的消声器的消声效果的影响进行了大量的研究[53-55]。

对于消声器内部温度场的研究,Davis在对发动机排气消声器的研究中考虑了温度的影响[56]。1956年,Nelson通过研究发现,高温气流会使消声器的消声性能明显降低[57]。黄其柏、季振林等对在温度梯度影响下声波在消声器中的传播特性进行了研究[58-63]。李以农等分别对消声器的温度场进行了模拟仿真计算[64,65]。

对于消声器内部压力场的研究,Munjal和Isshiki较早地对带有穿孔管的消声器的静态压降进行了研究[66,67]。Panigrahi研究发现,横流消声单元中穿孔的直径大小会对消声器的压力损失造成影响[68]。对于消声器的压力损失研究,国内起步的时间比较晚,其中:苏清祖通过使用流体力学、热力学和化学方法综合计算了消声器的压力损失[69];胡效东对消声器的压力损失进行了较多的研究[70-72],研究了几种简单结构消声器的压力损失并通过分析某型消声器的压力损失,提出了相应的结构优选方案。袁翔使用Fluent软件对消声器的主要结构参数如腔体长度、穿孔率和穿孔直径进行了研究,发现参数取值不同时所对应的压力损失也会产生相应的变化[73]。

1.2.5 声学理论方面的研究进展

在排气消声器的声学理论研究方面,国外的Stewart最早利用声学滤波器理论对抗性类消声器进行研究[74]。随后,Davis等研究人员根据一维波动理论对在无气流情况下的扩张式及共振式消声器的消声特性进行了研究[75]。Igarashi等人运用等效电路方法对消声器的声学传递矩阵进行了分析计算[76]。日本福田基一教授通过对以前的消声器研究理论成果进行归纳总结而著有《噪声控制与消声器设计》一书,该书成了消声器理论研究的依据[77]。

不过,学者们早期对消声器的研究均忽略了温度和气流的影响。Panicker对带有内插管的扩张式消声器的声学特性进行了研究[78]。Sullivan等人在考虑气流影响的情况下对带有穿孔管结构的消声器的四极子参数和声学特性进行了研究[79]。20世纪80年代初,Prasad和Crocker对管道中的平均流速及温度梯度的四极子参数进行了计算,并且成功预测了多缸发动机的排气消声器的声学性能,其中预测结果与试验结果基本保持一致[80-82]。Peat 等人利用流体力学方程组推导出直导管的四极子参数方程,并进行了验证[83]。Ih 与 Lee 通过对圆形扩张腔内的高次波效应进行研究,得出傅里叶级数的声压数学式,并对对声学性能有影响的结果进行了分析[84]。90 年代,Selamet A 及相关学者还初次利用时域方法对消声器的内部声学性能进行了计算分析[85,86]。

国内对消声器的研究工作起步比较晚,缺少相关的科学方法和理论知识,远远落后于发达国家[87]。从 20 世纪 80 年代末开始,赵松龄和盛胜我对消声器的主腔管与穿孔管处于垂直交叉状态时的声波传播规律进行了深入的研究,得出对应结构的声波传递矩阵表达式[88,89]。90 年代,蔡超和宫镇等通过对多种拖拉机的抗性消声器运用传递矩阵的分析方法进行研究,得出其结构的声波传递矩阵并通过试验进行了验证[90]。黄其柏等提出考虑气流及温度变化状况下的消声器的传递矩阵求解方程,但公式中的速度参数值以及温度参数值等需要通过经验来确定[91,92]。蓝军和史绍熙等通过使用有限元法对复杂排气消声器的声学特性进行了仿真计算[93]。90 年代末,董正身等通过建立消声器的二维有限元模型进行声学性能的分析计算并进行了验证[94]。后来,陆森林和刘红光等通过采用二维有限元法计算出了四端子参数用于估算消声器的声学特性,克服了一维平面波理论公式在计算高频声波时产生的误差[95]。陆森林、王耀前等对消声器内部流动区域建立了声学模型,并使用 ANSYS 软件得到消声器的传递损失比[96]。由于一维声学传递矩阵法只能计算消声器的低频段传递损失,而在进行高频段计算时会出现失真现象,因此逐渐出现了对高频波以及谐波的有限元分析法[97]。后来在有限元法的基础上又发展出来了边界元法,它可以提高声学仿真计算速度及分析结果的精度[98]。随着对消声器的研究方法不断发展,可以运用现代数值分析计算以及试验仿真分析计算的方法对消声器的消声特性进行分析和研究,它们为消声器的结构改进提供了一种新途径[99]。

1.2.6 多场性能方面的研究进展

消声器性能的好坏往往是由其消声性能、空气动力学性能以及结构性能三个指标决定的,三者之间既是相互联系又是相互制约的。如果在对消声器进行研发设计时只追求高的消声量而忽略了消声器的空气动力学性能和结构性能,从而致使柴油机的经济性和动力性降低或者不利于消声器的安装操作，这样往往会得不偿失。故在设计过程中应综合考虑三个性能评价指标以使消声性能、空气动力学性能和结构性能达到最优状况。然而在实际的应用中，对消声器的三项性能指标进行全面的考虑是很难的，因此需要根据具体情况提出能够综合评价消声器的性能的指标。

东北大学的学者使用 SYSNOISE 软件研究流速对消声器消声特性的影响，得出流速对消声特性有一定影响的观点[100]。重庆大学的学者研究了温度场对消声器声学性能的影响，得出温度的变化会使消声器的声学性能发生显著的变化的结论[101]。西南交通大学的学者发现，薄壳排气消声器在实际工作时会产生高温高速气流，对消声器声学性能、压力损失和模态参数存在重大影响[102-104]。南京航空航天大学的学者综合结构、声场和流场对排气消声器进行了耦合性能的研究，提出了对排气消声器的改进方案，并通过了验证分析等[105]。

1.2.7 传递矩阵方法的研究现状

目前，柴油机排气噪声主要依靠消声器进行降噪，消声器可以分为主动消声器和被动消声器两大类。主动消声器主要利用电子元器件发出一种与来流噪声声波相位相反、幅值相等的声波来削弱来流噪声。主动消声器具有结构简单、压力损失小的特点，但是应用于发动机排气降噪存在控制延滞，难以及时抵消原噪声声波。目前该技术尚不成熟，无法在柴油机上广泛应用。被动消声器分为抗性消声器、阻性消声器和阻抗复合式消声器，其中抗性消声器主要是根据滤波器的原理进行工作，又被称为声学滤波器。抗性消声器利用内部结构形成的截面突变消声单元，如穿孔管(板)、共振腔、扩张腔等消声单元，使得声波在传播过程中发生反射和衍射现象，从而削弱声能。抗性消声器对中、低频噪声具有良好的降噪效果。阻性消声器是将吸声材料按一定的方式固定在气流通道内壁所形成的，主要是利用吸声材料消声。当声波进入消声器中时，吸声材料将一部分声能转化为热能耗散，达到降噪效果。阻性消声器对中、高频噪声的降噪效果较好。阻抗复合式消声器将抗性消声器的中、低频消声性能与阻性消声器的中、高频消声性能结合起来，可以获得高、中、低宽频率范围的消声效果。关于柴油机净化技术，通常是在排气路径中添加过滤装置，当尾气中的颗粒随气流经过过滤体时颗粒可被捕捉，能够有效控制柴油机的碳烟颗粒排放。目前关于消声器的研究方法主要包括有限元法、边界元法和传递矩阵法。

传递矩阵法是基于平面波理论，以消声器的传递矩阵计算声波传递时的声能衰减。传递矩阵法易理解，能够用基本数学理论简易地表达出整个消声器内声传播过程中的数学模型，将消声器优化目标转化为目标函数比较方便。传递矩阵法在处理消声器的降噪性能时，可以将复杂的消声器结构简化为基础的消声单元，降低问题的难度，计算方便。传递矩阵法在基于平面波理论的同时，做了线性和无能量损失的假设，在处理小尺寸消声器和低频段排气噪声方面结果是较可靠的，但在处理大尺寸结构的消声器和高频段排气噪声时，消声器中的声传播偏离平面波的假设，与实际情况差异较大，计算得到的声学性能的可靠性降低[106]。

有限元法是采用数值计算方法，对消声器结构中声传播区域进行单元离散，将声学理论模型中的各部分代数化，使用声学模型在消声器的有限元模型中逐步迭代，进而计算出整个消声器的声学特性。由于计算量较大，采用有限元法计算声学性能需要在计算机上进行。首先需要确定出消声器中声传播区域的三维模型，对相应模型进行网格划分以实现单元离散，然后施加相应的声学初始条件和边界条件，最后利用计算机中的软件程序进行迭代计算。在整个有限元声学计算过程中考虑了声传播的三维特性，计算结果比较可靠。在采用有限元法计算消声器的声学特性时，可以同时将消声器内的温度分布和气流速度分布考虑进去，研究气流流动给声传播过程带来的影响，使计算结果更趋于实际声传播过程[107]。

边界元法也是采用数值方法计算消声器的声学特性，在计算机中进行迭代计算。采用边界元法计算声学特性时模型处理相对简单，只对模型的边界进行单元离散，对应所需计算的数学方程的数量相应减少，其计算量小于有限元法的，计算结果的精度也较有限元法的低[108]。

根据以上对消声器传递矩阵法、有限元法和边界元法的介绍可知，有限元法和边界元法均是对消声单元进行离散化，采用数值方法计算，其数学模型复杂，难以进行优化计算。本书主要采用声学传递矩阵法进行相关研究。

Vijayasree N K 提出一种综合的传递矩阵方法，可以对消声器整个横截面的状态变量加以考虑，即沿消声器轴线方向进行适当划分，考虑不同管道结构组成的截面的状态变量，形成整体的传递矩阵。该方法对消声器声学特性的计算结果与有限元法和试验所得的结果具有较好的一致性，并能较好地分析消声器截止频率[109]。Sagar V 采用传递矩阵法分别研究了叉形消声器采用 H 形连接管和不采用 H 形连接管时的声学特性，并采用三维有限元法验证了该方法的可靠性，在采用 H 形连接管时，平均流的对流效应对消声器的声学性能影响较大，并对这部分影响结合 H 形连接管的结构参数进行了计算[110]。Guo R 采用传递矩阵法研究了穿孔管共振器的传递损失，结合五组不同结构参数的穿孔管共振器，研究了其结构参数对传递损失的影响，合理设计穿孔孔径的情况下能有效改善穿孔管共振器的声学性能，穿孔率的提高会导致共振峰向高频段偏移，减小进出口管的管径可以明显改善其传递损失[111]。Hua X 结合传递矩阵法的思想与有限元法推导了柴油机微粒捕集器的传递矩阵，利用传递矩阵法计算了含柴油机微粒捕集器的排气系统的声学特性，采用有限元法和边界元法验证了计算结果的可靠性[112]。Abdullah H 利用传递矩阵法思想研究了穿孔挡板的传递矩阵，编程计算了含挡板结构消声器的传递损失，并分析了挡板位置及挡板厚度对消声器声学性能的影响[113]。Shi X 推导了周期阵列微穿孔管消声器的传递矩阵，利用传递矩阵法计算了周期阵列微穿孔管消声器中声波的传播，利用有限元计算结果和试验测量结果验证计算结果的可靠性；由于微穿孔管具有高声阻低声抗，会产生较高的声衰减性能，周期阵列的微穿孔管消声器的消声性能比单个微穿孔管的消声性能要好，能够在较宽频段内控制低频噪声[114]。

传递矩阵法在声学性能计算方面易实现，国内期刊上也展现了大量的研究成果。方智提出一种基于子域划分的耦合方法用于求解双腔结构消声器的声学性能，根据消声器各区域结构和材料属性的不同对消声器进行划分，利用三维解析求解和模态匹配推导等截面区域的传递矩阵，利用三维数值法推导非规则渐变截面区域的传递矩阵，再根据相邻边界处声压和质点振速连续条件得到整个消声器的传递矩阵，计算了双腔结构消声器的声学特性，计算效率高于数值模态匹配法[115]。邹震东利用数值解耦的方法推导了复杂消声器中常见穿孔消声单元的传递矩阵，并对相应的消声器声学性能进行了计算，与有限元法相比，传递矩阵法计算得到的穿孔管结构消声器的声学性能结果在中、低频段有较好的一致性，具有较高的精度[116]。康钟绪结合传递矩阵法和有限元数值法对含催化载体的排气净化消声器的声学性能进行计算，实现了发动机与排气净化消声器的耦合计算，计算结果与试验结果有较好的一致性，计算结果比较可靠[117]。黄塈宇推导了二维简化下的薄板型矩形腔体传递矩阵公式，提出了一种圆形线声源模型，利用传递矩阵法计算了在圆形线声源模型下薄壳消声器的声学特性，并分析了不同声源位置对应的声学特性[118]。牛宁基于管道声学理论，将穿孔共振管划分成若干子结构的并联形式，推导了整个穿孔管的传递矩阵，避免了因小孔间的辐射互相干涉而引起的误差，分析了气流和声波同时通过穿孔管共振消声器的声传递机理，并通过试验验证了该传递矩阵计算穿孔管共振消声器声学特性的可靠性[119]。张永波利用等效线路切割法，把并联内插管双腔扩张式消声器简化为等效并联线路，得出此消声结构元件的声场传递矩阵，并对该类消声器的插入损失进行 MATLAB 模拟计算，试验表明该传递矩阵计算结果能较好地反映消声器内中、低频段声学特性[120]。刘联鋆利用基于三维计算流体动力学(computational fluid dynamics, CFD)的时域方法计算了某复杂腔体的散射矩阵和传递矩阵，将这两种矩阵分别结合相应的声学边界条件计算了该腔体的声学性能，试验验证了 CFD 方法的有效性，并分析了两种四极子矩阵的特点，发现传递矩阵计算结果更加准确[121]。

工程应用中的消声器结构一般都是由多个消声单元以不同的方式组合而成的，其组合形式和结构参数是根据工程经验设计得到的，为获得更好的消声性能，在经验设计后需要对其进行优化。倪计民基于试验设计的方法对某车用消声器的声学性能进行优化，该汽车总排气噪声和 2 阶噪声得到了降低[122]。林森泉等人基于一维解析法，结合 GT-Power 软件进行了消声器插入损失和压力损失的优化[123]。Chiu M C 等人采用数值解耦的方法导出了四极子参数矩阵，用于评价三种横流穿孔管的声学性能，并采用模拟退火算法优化提高横流穿孔管的宽频消声效果[124]。Jin W L 等人采用基于有限元的拓扑优化方法研究抗性消声器在特定频率下的声学特性，发现在抗性消声器的扩张腔内加入隔板可有效改善其声学性能[125]。刘嘉敏等人以二维有限元法结合移动渐近线法对简单膨胀腔消声器内部结构进行拓扑优化，在此基础上对结构参数进行优化[126]。同济大学相龙洋采用二维解析法研究车用两腔抗性消声器的传递矩阵，并结合传统遗传算法对其进行优化，在目标频段内获得了良好的优化效果[127]。在2015年Jin W L等人提出了基于目标频率传递损失拓扑优化的消声器设计方法，并在试验中验证了该方法的可靠性[128]。张翠翠等人以四端网络法为基础，结合多目标遗传算法对消声器的消声特性曲线进行优化，优化后的消声效果明显改善，有效缩短了产品开发周期，提高了效率[129]。张俊红等人采用拉丁超立方设计开展消声器结构参数对消声性能的影响研究，并结合多岛遗传算法和传统遗传算法对特定频段的传递损失进行优化，试验方法能有效识别结构参数对消声性能的影响大小，多岛遗传算法的优化效果要优于传统遗传算法[130]。Guo R提出一种二维传递矩阵法，分析单腔穿孔共振结构的声学特性，研究非平面波在不同长度共振腔室内的声学特性，并基于遗传算法对一个三腔室的穿孔共振结构进行结构参数优化，在目标频率内得到了良好的优化效果[131]。上海交通大学的李明瑞等人为提高某乘用车消声器中频段的降噪效果，采用拉丁超立方和有限元法分析消声器结构因子对消声性能的影响，建立了中频段传递损失的响应面模型，并利用遗传算法对响应面模型的计算结果进行优化，消声性能在中频段得到了良好改善[132]。Shen C以数值分析法研究了抗性消声器的声学和流场特性，并分别采用基于灵敏度分析的单纯形算法、基于随机采样的蒙特卡洛算法和遗传算法对抗性消声器进行了多目标优化[133]。

消声器应用在柴油机时，一方面要保证具有良好的消声效果，另一方面需要确保安装消声器后其内部的气流流动状况不会对柴油机的动力性和经济性产生较显著的影响。当要求消声器具有一定的碳烟颗粒过滤能力时，一般会在消声器内设置流阻性材料，这时更需加强分析。王巍等人采用计算流体力学中的有限体积法研究了多种结构的消声器内部的流体流动状况，包括流速和压力情况，表明消声器内部流场有明显的紊流，当消声器内部存在多个连接管时的压力损失较仅有单个连接管时的压力损失大，消声器内截面突变处的导流环可减小压力损失[134]。Zhang Y和苏赫等人基于分流气体对冲原理设计了一种新型结构消声器，建立消声器的仿真模型，采用计算流体力学方法研究消声器内部速度场与压力场，并在试验台架上进行验证，模拟了消声器的声学特性，结果表明基于分流气体对冲原理设计的消声器,可减小消声器内气流流动速度和压力损失,降低消声器内部的气流再生噪声[135,136]。郭立新采用计算流体力学方法研究了某款轿车的穿孔管消声器内部的温度与速度分布特性,由于气流穿过多个小孔后气流速度方向各有差异,高速与低速气流的碰撞在穿孔区域形成较多涡流,速度梯度比较大,将此流场分析结果结合有限元分析方法对消声器的消声性能进行计算,分析了消声器内流场对声学性能的影响[137]。

1.3 排气净化消声器性能研究现状

1.3.1 微粒净化方面的研究进展

柴油机微粒机外后处理方式主要包括催化转化和微粒捕集[138]。微粒捕集器(DPF)采用耐高温的过滤材料制成的过滤体,通过先捕集后再生方式净化微粒,是最常用的微粒净化方式[139,140]。其研究已经成为后处理技术研究的热点。Bissett[141]建立了过滤体燃烧器的数学模型,研究其壁面温度和微粒层厚度随时间的变化规律;AVL公司基于Fire软件建立了净化材料的模型,对壁流式陶瓷捕集和再生问题进行了模拟[142,143];Lee[144]采用一维再生模型研究了高速工况条件下,净化过滤体尺寸大小对其再生特性和稳定性等方面的影响。湖南大学的龚金科和刘云卿等人[145-147]建立圆柱形泡沫陶瓷过滤器的二维数学模型,对流速和温度条件对其再生效率的影响因素进行了研究。邵玉平等人[148]对微粒过滤机理和过程进行了深入分析,建立了相应的阻力模型和过滤模型,得出了阻力分布规律。王丹[149]对DPF的阻力特性和再生规律进行了研究,同时建立了相应的压降模型和捕集模型。

由上述研究现状可知DPF技术已经得到广泛应用,但现阶段主要应用在汽油机或大型柴油机上,在小型农用机械上应用很少,并不适合在我国农村地区广泛推广使用;同时我国小型农用柴油机上几乎没有采用尾气净化装置,尾气微粒直接排入大气。本书以农用柴油机为研究对象,旨在对原消声器结构不做较大改动的情况下,通过添加净化材料实现尾气净化和消声双重功效,既节约成本又可达到微粒净化和消声降噪的目的。

1.3.2 消声降噪方面的研究进展

为降低柴油机尾气噪声，安装排气消声器作为最有效的方法，对其进行研究时重点考虑它的流场特性和声学特性两个方面[150]。

1. 流场特性研究方面

空气动力学分析是基于计算流体动力学（computational fluid dynamics，CFD）进行的。利用CFD方法对消声器的内流场进行仿真分析是研究空气动力性能的主要手段，该方法能够准确地模拟消声器内流场的速度、温度和声压分布特征，因而是一种有效可行的方法。Hirata[151]较早提出了消声器腔内的气流对其消声性能存在影响；Kojima和Nakamura[152]则发现气流在消声器内部快速流动的过程中会产生较大的气流再生噪声；Panigrahi和Munjal[153]在所做研究中较早地涉及穿孔管消声单元的静态压降。关于流体方面的研究国内起步相对较晚，江苏大学的苏清祖等人[154]早期在流体力学方法的基础上对消声器的压力损失进行了计算。随后流体力学方法用于研究消声器空气动力学性能在国内逐步开展起来，越来越多的学者对其进行了研究，特别是从2003年之后的十几年间相关研究得到迅速发展。哈尔滨工程大学的曹松棣和黄继嗣[155,156]采用CFD方法对船用排气消声器进行优化设计，并通过数值模拟的方法对其阻力性能做了更好的预测；山东科技大学的张东焕等人[157]则针对尾气流速对阻性消声器性能的影响进行了数值模拟和试验研究；华南理工大学的楚磊[158]利用计算流体力学的方法对消声器基本单元内部流场进行了数值模拟，并探讨了不同入口速度下消声器消声单元压力损失的变化规律。

2. 声学特性研究方面

声学有限元法（finite element method，FEM）凭借其计算精度高和计算结果可靠的优点在消声器声学模拟中被广泛采用。自从Clough等人第一次提出有限元技术以来，该方法在工程领域取得了快速发展。Craggs[159]首次尝试基于有限元法对消声单元的消声特性进行分析，为有限元法在消声器声学方面运用奠定了基础。Young等人[160,161]尝试用有限元法计算消声器传递损失，促进了有限元法应用于消声器的进一步研究。Mechel[162]通过其专著对声学有限元法运用于不同结构的消声器的声学研究进行了论述。国内的毕嵘和李景等人[163-165]运用声学有限元法以复合式消声器为研究对象，针对其声学特性的分析方法进行了研究。黄冠鑫等人[166]尝试探索利用传递矩阵法和有限元法相结合的方式，为消声器优化设计提供可靠的理论方案。袁启慧[167]考虑了气流温度的因素并基于有限元法对消声单元的传递损失进行了相关计算。

综上关于尾气微粒和噪声的研究现状得知，许多学者对柴油机尾气微粒排放和噪声控制进行了深入的研究，但大多偏重于车用发动机控制方面且都集中在排气净化或消声某一方面，针对农用柴油机排气净化和消声特性的综合研究较少。同时社会各界对农用柴油机的排气净化和消声方面的重视不够，大部分农用柴油机未加装净化装置。我国在噪声控制方面的研究起步较晚，技术尚不成熟，对柴油机进行流场和声学特性综合研究较少，尤其是针对农用柴油机流场及声学特性方面的研究则更少。针对以上问题，本书提出以农用柴油机为研究对象进行净化和消声一体化研究，并基于 Fluent 流场和 LMS 声学仿真软件对农用柴油机进行流场及声学特性综合研究。

1.3.3 多场耦合方面的研究进展

1981 年 Davies[168]通过分离流道剪切层中涡流的方法对管道中的流声耦合进行研究，发现涡流运动与来自上游声源的入射声场的同步可以通过从平均流传递能量来增强声音，对减少流动噪声有很大的意义。1994 年 Dokumaci[169]对汽车催化转化器进行了声学模拟，扩展了 Zwikker 和 Kosten 的圆管轴对称波传播理论，使其包含均匀平均流的影响。2006 年 Aygun[170]在导管的不同位置，测量了横向安装在流动导管上的不同穿孔率的多孔弹性板的声插入损失，发现对于较低的穿孔率，在测量的频率范围内，有空气流时的插入损耗比无空气流时的高约 3 dB(A)。2009 年 Duwairi[171]研究了流体介质中的声学问题，发现固体基质的加入增加了前向和后向声波的衰减和相速度，但多孔介质孔隙率的增加降低了前向和后向声波的衰减和相速度的增加。1990 年 Kim 等人[172]提出了一种多维分析方法，用于具有平均流量和温度梯度的膨胀室的声学建模，应用分割技术将消声器分割成具有恒定温度和平均流量的段，并通过相应的连续性条件匹配声场；1993 年 Kim 和 Choi[173]将这种方法扩展到具有温度变化和固定介质的圆形换向室。2012 年 Denia 等人[174,175]提出了一种基于有限元法的数值方法来分析连续变化的温度场对阻抗复合式消声器传递损失的影响；2015 年对高温下汽车消声器的声衰减展开研究，发现温度梯度的增加导致消声器在低频至中频范围内的消声性能略有下降，但在较高频率下发现了相反的趋势；随着平均流量的增加，消声器的传递损失也有所下降。2016 年徐磊等人[176]对具有平均流的消声器的声学特性进行了研究，发现不同频率下的噪声传递损失不同，气流流速对低频范围内的噪声传递损失特性影响不大，随气流速度的增加，整个频率范围内消声器的噪声传递损失曲线往低频范围移动。2017 年曹毅平等人[177]利用流场和声场协同原理来研究抗性消声器中流动噪声的传播机理，采用理论分析和数值模拟相结合的方法，研究了简单膨胀管道中流动噪声的传播过程，发现对于进口延伸的膨胀室管道，场协同角随着速度的增加而增大，消声效果随着流场与声场协同度的降低而减弱。2019 年杜华蓉[178]研究发现简单扩张式消声器以及插入管消声器的传递损失峰值频率与温度呈正相关，噪声传递损失曲线整体往高频范围移动明显；当结构尺寸一定时，温度越高，传递损失峰值频率越高。2020 年王路宇[179]使用 Fluent 流体仿真计算与 Virtual Lab 声学仿真计算相结合的办法进行流声耦合，得到喷水降温前后排气系统的声学传递损失，发现喷水降温后排气系统低频范围内降噪效果得到提高，降温后其噪声传递损失曲线首个峰值提高了 10 dB(A)，对应频率向低频方向偏移了 85 Hz。2021 年刘文瑜等人[180]对考虑温度场影响下的排气消声器声学性能进行研究，发现温度场影响下 2200～2800 Hz 频率范围内排气消声器噪声传递损失曲线向高频方向偏移较为显著；低频范围噪声传递损失减少约 3 dB(A)，高频范围噪声传递损失增加 23 dB(A)。

整理国内外对排气消声器的研究现状可以发现，随着计算机技术的发展，有限元技术在排气消声器声学性能的研究中应用越来越广泛，特别是消声器耦合声学，由于其考虑了排气消声器在实际工况下腔体内部存在的物理场因素，大大提高了排气消声器声学性能预测的准确度。

1.3.4 传递损失方面的研究现状

消声器声学性能评价指标有传递损失、插入损失和降噪量。传递损失为消声器入口处入射声功率级和出口处的透射声功率级之差[181]。插入损失是指在声源与测点之间插入消声器前后，所测得的自管口向外辐射的声功率级之差[182]。传递损失是评价消声器声学性能最常用的评价指标[183]，且消声器设计的主要目的是提升目标频带的传递损失[184]，国内外许多学者都对消声器的传递损失展开了研究。Elsayed 等人[185]利用三维几何分析和 Multi-patch 技术预测了消声器的消声性能，并求解了控制室内声场的亥姆霍兹方程。徐贝贝[186]通过有限元分析研究了穿孔率和吸声材料参数对消声器传递损失的影响规律。Patne 等人[187]研究了不同吸声材料对传递损失的影响，并对其结果进行了对比分析。Xiang 等人[188]提出一种通过调整腔室长度来改变背腔体积从而实现传递损失可调的消声器模型。袁守利等人[189]建立数值模型并进行三维声场仿真分析，获得消声器的传递损失，并利用测试结果证明了三维有限元法具有较高的精度。在利用有限元计算消声器传递损失的过程中，越来越多的人开始注意到消声器几何形状的影响。研究消声器内流场的声衰减性能发现，挡板的存在会对传递损失有显著的影响，挡板会导致流体在轴向的温度突然下降，为此许多作者提出通过改变不同设计方式下挡板位置和数量来改善目标频段的传递损失[190-192]。浙江大学宫建国等人[193]根据声传递矩阵法计算了一种汽车消声器的传递损失，并利用 MATLAB 软件分析了进气管内伸入长度、穿孔直径等对消声器传递损失的影响。Desantes[194]基于有限元法和遗传算法对消声器声腔室的几何形状进行了优化。Barbieri 等人[195]在典型消声器结构的基础上，提出了在尾管上加装连通孔的消声器，以提高尾管的消声性能，并对该消声器在频域和时域上的声学性能进行了实验和理论研究。

消声器在实际使用中，其腔内总伴随着气体的流动。非均匀的气体流动会对消声器的声学性能产生影响。刘文瑜等人[196]研究了温度场影响下的传递损失，并与常温常压下的传递损失进行对比，表明在温度场的影响下传递损失的峰值会往高频方向移动，低频的消声量有所减少，高频的消声量有所增加。哈尔滨工程大学的刘晨等人[197]研究了高温气流的存在对传递损失的影响，在此基础上还研究了有端部共振器的三通穿孔管对改善消声器的低频消声性能的效果。在此基础上，Chen 等人[198]采用三维时域流体动力学方法分析了流速对消声效果的影响。张智[199]提出了一种新的有流驻波管测试系统，针对消声器有流传递损失进行测试，并对比得出了不同气流速度对消声器传递损失的影响。

1.4 项目来源及主要研究内容

1.4.1 项目来源

从国内外关于消声器的研究情况来看，对消声器的降噪性能及优化方法的研究较多，对降噪与净化一体化装置的消声净化性能的研究相对较少，而对其优化的研究更少。传递矩阵法在消声器消声性能计算与预测上简单可靠，针对消声器在消声性能方面的优化，近些年兴起的遗传算法发挥了很大优势，计算流体力学方法应用在消声器内部速度和压力分布特性的计算上，结果可靠。与此同时，我们发现对消声器噪声的研究主要集中在流场和声学特性两个方面，并且国内对消声器的流场特性和声学特性的耦合研究比较少。因此，本书以中小型农用柴油机所匹配的排气消声器为研究对象，应用 Fluent 和 LMS 仿真软件对其进行流场和声场耦合仿真分析，研究消声器在流场与声场的综合作用下的消声性能，寻找消声器性能上存在的不足并对其进行针对性的改进，结合传递矩阵法和遗传算法优化净化消声器的结构，提高净化消声器的降噪效果。本书内容以国家自然科学基金项目“柴油机缸内湍流和化学反应共同作用下的混合气形成机理”(91541121)、国家自然科学基金项目“微型自由活塞发动机 HCCI 催化燃烧稳定性机理与多场协同优化研究”(52076141)、湖南省自然科学基金项目“氨气/生物柴油反应活性控制压燃着火燃烧调控机理研究”(2022J50025)、湖南省教育厅重点研发项目“动力机械阻抗复合多腔消声器耦合声学特性研究”(19A453)、校企合作项目“柴油动力装置排气后处理关键技术研究”(2022HX16)、邵阳市科技计划项目“柴油车微粒排放后处理系统的研发”等为依托，以中小型农用柴油机所匹配的排气消声器为研究对象，针对消声器的优化设计、试验仿真、结构改进等方面开展研究。

1.4.2 本书主要的研究内容

本书综合运用流体力学、声学理论原理以及机械设计等方面的专业理论基础，将数值计算、机械设计与仿真等技术引入柴油机消声器设计与性能分析的过程中，通过消声器声学模型的建立以及降噪性能、空气动力学性能的分析与结构因子影响规律的研究，为同类型柴油机消声器的设计提供了理论指导。

本书的整体研究思路及内容主要围绕着以下主线展开：首先，分析研究的背景和意义，主要从柴油机产生的排放微粒及排气噪声两个方面展开分析；然后，分析不同类型的消声器的研究现状，围绕微粒净化、消声降噪、多场耦合、传递损失等方面，引出控制中小型柴油机排气噪声和微粒排放存在的问题，并根据柴油机排气噪声的特点设计出不同类型的消声器结构模型，采用多物理场耦合的方法对其声学性能和净化性能展开研究；最后，采用柴油机排气噪声测试系统对设计的消声器进行试验研究。

本书的整体框架结构如图 1.1 所示，各章的主要研究内容如下。

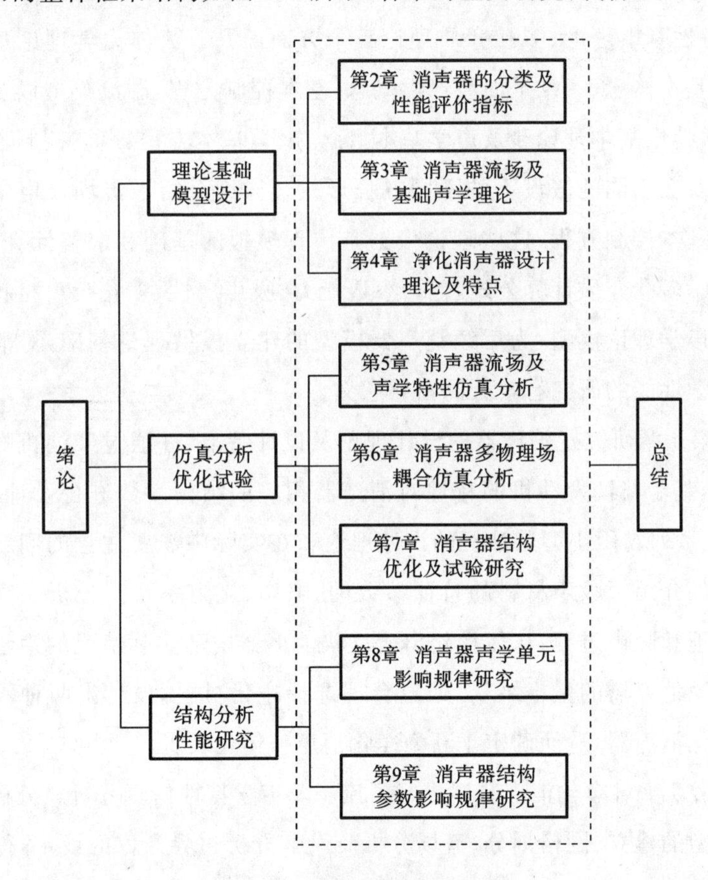

图 1.1 本书的整体框架结构

(1) 第1章从研究背景出发，简单介绍了柴油机排气噪声和排气中的微粒的影响，针对柴油机排气噪声的问题，分析了国内外不同类型(阻性消声器、抗性消声器、阻抗复合式消声器)消声器的发展历程和排气消声器在微粒净化、消声降噪、多场耦合、传递损失等方面的研究现状。

(2) 第2章主要介绍了消声器的分类，按照消声器的消声机理可以把消声器分为抗性消声器、阻性消声器、阻抗复合式消声器、扩张式消声器、共振式消声器和电子消声器六种类型，并简单介绍了它们的消声原理。同时也介绍了评价消声器性能好坏的指标：空气动力学性能、声学性能、净化性能以及结构性能，为后文设计消声器并进行性能研究做铺垫。

(3) 第3章主要介绍了消声器流场和声场的基本理论，从流体力学理论基础、声学特性基本理论、多孔介质理论三个方面展开。流体力学理论基础涉及流体力学基本概念、一维平面波声学概念、基本控制方程、湍流模型以及有限体积法；声学特性基本理论涉及声学基本概念、声学基本方程、声波控制方程的推导过程以及在不同的假设下的不同方程形式。详细介绍了流场及声学分析所需调用的基本控制方程，这些理论依据是仿真模拟的基础和求解计算的关键。接着介绍了多孔介质计算公式，包括渗透能力、吸声属性、多孔吸声材料的作用原理及其声学理论模型，为后续消声器模型的建立提供理论基础，对消声器的设计和声学性能的研究有较大的指导意义。

(4) 第4章研究了消声器的设计理论及设计特点，并通过柴油机噪声频谱特性分析，基于柴油发动机的特性对消声器相应的结构参数进行设计，同时也对186FA系列农用小型柴油机的设计理论和在实际中需要注意的问题进行了介绍。此外介绍了吸声材料的特征参数(孔隙率、流阻率)，并分析了吸声材料的吸声原理和吸声过程，从而构建出能反映消声器内部实际情况的声学理论模型。基于原消声器的基本结构，通过合理选择净化材料，设计出两种不同结构的排气净化消声器，从而确定了新型净化消声一体化装置。

(5) 第5章对净化消声装置进行了流场及声学特性仿真分析。分析过程包括三维模型的建立、网格划分、流场分析及声学分析边界条件的设定，得到了消声器内流场的压力分布云图、速度分布云图、声压级云图，并对压力损失和传递损失进行了计算。通过对净化消声装置的速度、压力分布云图及各频率传递损失进行深入分析，得知所设计的净化消声装置的压力损失满足要求，同时中低频率范围内的消声效果明显提升，流场及声学特性得到改善，为后续试验研究奠定了相应的仿真理论依据。

(6) 第 6 章考虑温度和流速对消声器声学性能的影响，发现当在声学分析中考虑温度场的作用时，其传递损失曲线整体向高频方向移动，且每个拱形的宽度有所增加，每两个拱形峰值之间的频率间距相对增大。当考虑流速时，发现流速在中低频段对消声器传递损失几乎没有影响，而在高频段消声器的传递损失曲线峰值有所增大。考虑温度场和流速同时作用对消声器声学性能的影响，发现得到的传递损失曲线既反映了热-声耦合时的特点，又体现了流速作用的特点，为后续对消声器结构进行改进研究提供了依据。

(7) 第 7 章基于遗传算法理论与运行机理，选择特定降噪薄弱频段的平均传递损失最大为目标函数，根据分析得到的消声器结构尺寸参数对传递损失的影响选择优化变量，结合经验设计参数和设计加工精度建立约束条件，最后以二进制编码、排序选择的遗传算法程序优化排气净化消声器的结构尺寸参数。以消声器为研究对象，通过发动机台架试验对排气消声器的声学性能和空气动力学性能进行研究，详细介绍了试验台架的组成、试验的基本步骤以及数据采集过程。通过采集柴油机在安装排气消声器前后的排气声压以及噪声的 1/3 倍中心频率声压，绘制相关图表并分析相应数据，发现排气消声器在中低频段的平均消声量偏低，具有较大的改善空间；通过分析消声器排气噪声的频谱，发现柴油机的排气噪声的中心频率声压主要集中在 10～3000 Hz 的中低频段内，间接验证了消声器声学仿真分析的可靠性。

(8) 第 8 章主要探究消声器声学单元对声学性能的影响，分别从进气入口的数目和位置、腔室形状、净化材料的布置方式、穿孔隔板的有无及穿孔数展开研究。对不同基本结构单元的传递损失进行了计算和对比，结果表明排气消声器进、排气管的布置方式，净化材料的布置方式以及有无穿孔隔板的存在对消声器传递损失影响较大，其中侧置具有内插管结构的进气管、分开式的净化材料布置方式，以及在消声器腔体中添加穿孔隔板均能够有效提高净化消声器的传递损失，改善消声器的声学性能。而对柴油机排气噪声而言，消声器的腔室形状以及穿孔隔板的穿孔数对声学性能的影响不大，这为后续净化消声器的改进及实验研究提供了参考依据。

(9) 第9章在研究了声学单元对声学性能的影响的基础上进一步探究结构因子对传递损失的影响规律。针对结构因子孔密度、长径比、长短轴之比的不同提出了不同的消声器设计方案,在不同方案下对流场特性进行对比分析,并通过压力云图和速度云图分析了消声器流场的变化规律。在此基础上,进一步分析了在20~5000 Hz频段内孔密度、长径比、长短轴之比对传递损失的影响规律。研究结果表明,结构因子对传递损失的影响在低频范围内较小,在中高频范围内较大。本章对消声器结构因子的研究可为同类型消声器的优化提供一定的理论基础且具有一定的指导意义。

(10) 第10章作为本书的最后一章,主要是对全书的研究成果进行总结,指出本书的不足,并提出有待进一步研究的问题。

本章参考文献

[1] 罗丹,陈春良,运启超,等.高质量打赢脱贫攻坚战——聚焦2020年中央一号文件[J].中国农业文摘-农业工程,2020,32(2):3,20.

[2] 刘怡珉.发展现代特色农业 开好乡村振兴新局[N].铜仁日报,2021-06-18(3).

[3] 陈航英.小农户与现代农业发展有机衔接——基于组织化的小农户与具有社会基础的现代农业[J].南京农业大学学报(社会科学版),2019(2):10-19,155.

[4] 阮文彪.小农户和现代农业发展有机衔接——经验证据、突出矛盾与路径选择[J].中国农村观察,2019(1):15-32.

[5] 徐旭初,吴彬.合作社是小农户和现代农业发展有机衔接的理想载体吗?[J].中国农村经济,2018(11):80-95.

[6] 陈伟.柴油机排气净化消声装置流场与声学特性研究[D].邵阳:邵阳学院,2015.

[7] 尹和俭,季振林,肖友洪.紧凑式SCR净化消声装置设计与性能分析[J].噪声与振动控制,2010(1):149-152.

[8] Iyyanki V MuraliKrishna, Valli Manickam. Environmental management [M]. Oxford:Butterworth-Heinemann,2017.

[9] Miles J. The reflection of sound due to a change in cross section of a circular tube [J]. J. Acoust. Soc. Am, 1944, 16:14-19.

[10] El-Sharkawy A I, Nayfeh A H. Effect of the expansion chamber on the propagation of sound in circular ducts [J]. J. Acoust. Soc. Am, 1978, 16:14-19.

[11] Munjal M L. Acoustics of duct and mufflers [M]. New York: Wiley, 1987.

[12] Guasch O, Arnela M, Sánchez-Martín Patricia. Transfer matrices to characterize linear and quadratic acoustic black holes in duct terminations [J]. Journal of Sound and Vibration, 2017, 395:65-79.

[13] Oh S, Wang S, Cho S. Topology optimization of a suction muffler in a fluid machine to maximize energy efficiency and minimize broadband noise[J]. Journal of Sound and Vibration, 2016, 366:27-43.

[14] Sagar V, Munjal M L. Analysis and design guidelines for fork muffler with H-connection [J]. Applied Acoustics, 2017, 125:49-58.

[15] Vjayasree N K, Munjal M L. On an integrated transfer matrix method for multiply connected mufflers[J]. Journal of Sound and Vibration, 2012, 331: 1926-1938.

[16] 安君,吕海峰,陈鹏,等. 亥姆霍兹消声器自适应控制方法研究[J]. 声学技术,2019,38(2):188-193.

[17] 刘海涛. 消声器膨胀腔气流再生噪声产生机理及抑制研究[J]. 振动与冲击,2019,38(16):192-199.

[18] 孙伟明,李剑虹,常波,等. 单级三腔式消声器声学性能分析[J]. 浙江工业大学学报,2019,47(3):250-254,261.

[19] 张永波,黄其柏,周明刚,等. 并联内插管双室扩张式消声器的插入损失[J]. 农业机械学报,2007(8):49-52.

[20] 张国勇,张良勇,高朝祥. 排气背压特性分析及优化方案研究[J]. 设备管

理与维修,2019(5):152-154.

[21] 毕嵘,刘正士,陆益民,等. 多入口多出口抗性消声器的声学性能研究[J]. 汽车工程,2014,36(2):243-248,253.

[22] 王作为. 阻抗复合式排气消声器声学性能研究[D]. 哈尔滨:哈尔滨工程大学,2019.

[23] Ted V, Martin W. Catalytic converter muffler: US, 3649213 [P/OL]. 1972-04-14.

[24] Charles H B, James E D. Combination muffler and catalytic converter: US, 4050903[P/OL]. 1977-09-27.

[25] Glen K. Combined muffler and catalytic converter exhaust unit: US, 5043147[P/OL]. 1991-08-27.

[26] Kenneth E P. Catalytic converter muffler: US, 0266644A1[P/OL]. 2009-10-29.

[27] Montenegro G, Della T A, Onorati A, et al. A nonlinear quasi-3D approach for the modeling of mufflers with perforated elements and sound-absorbing material[R]. Advances in Acoustics and Vibration, 2013.

[28] Chazot J D, Nennig B, Perrey-Debain E. Performances of the partition of unity finite element method for the analysis of two-dimensional interior sound fields with absorbing materials[J]. Journal of Sound and Vibration, 2013, 332: 1918-1929.

[29] Ferrándiz B, Denia F D, Martínez-Casas J, et al. Topology and shape optimization of dissipative and hybrid mufflers[J]. Structural and Multidisciplinary Optimization, 2020.

[30] 刘文国. 轻型汽车尾气净化器的净化、消声及动力性研究[D]. 大连:大连理工大学,2003.

[31] 苏英杰,季振林,黄虹溥. 尾气净化消声装置结构设计与性能分析[J]. 噪声与振动控制,2016,36(5):169-174.

[32] 陈志响,季振林. 通过流作用下穿孔板的声阻抗[J]. 声学学报,2020,45(2):235-246.

[33] 高媛媛，王韬，高磊，等. 带催化转化器消声器传递损失数值分析[J]. 噪声与振动控制. 2009(1)：130-133.

[34] 康钟绪，郑四发，连小珉. 排气净化消声器声学性能数值仿真方法的研究[J]. 汽车工程，2011，33(3)：226-230.

[35] Fu J，Chen W，Tang Y，et al. Experimental study of the pore density on the mesh partition of exhaust muffler on diesel engine performance[J]. Applied Mechanics and Materials，2014，633-634：836-840.

[36] Fu J，Chen W，Tang Y，et al. Decision-making and control system of diesel particulate filter regeneration[J]. Applied Mechanics and Materials，2014，448-453：459-463.

[37] Fu J，Xu M H，Zhang Z F，et al. Muffler structure improvement based on acoustic finite element analysis[J]. Journal of Low Frequency Noise，Vibration and Active Control，2019，38(2).

[38] 赵开琦，江国和，王志刚. 一体式排气净化消声器消声性能分析[J]. 噪声与振动控制，2014，34(5)：219-222.

[39] 高端正. 小功率非道路柴油机降低排放和噪声的研究[D]. 镇江：江苏大学，2017.

[40] 蔡建程，刘志宏，曾向阳. 气动声学 Lighthill 方程的 Kirchhoff 积分解分析[J]. 声学技术，2014，33(2)：99-103.

[41] 夏恒. 高速车辆车内气流噪声的理论计算方法研究[D]. 镇江：江苏大学，2002.

[42] Torregrosa A J，Broatch A，Climent H. A note on the Strouhal number dependence of the relative importance of internal and external flow noise sources in IC engine ex-haust systems[J]. Journal of Sound and Vibration，2005，282：1255-1263.

[43] Hirata Y，Itow T. Influence of air flow on the attenuation characteristics of resonator type mufflers[J]. Chinese Journal of Clinical Rehabilitation，1973，5(5)：617-631.

[44] Fukuda M，Kojima N，Iwaishi T. A study on mufflers with air flow：1 st

report generation of noise from expansion cavity type mufflers due to mean flow[J]. Bulletin of JSME, 1983, 26(214):562-568.

[45] Kojima N, Nakamura Y, Fukuda M. A study on mufflers with air flow: 3rd report correlation between fluctuating velocity in muffler and air flow noise[J]. Nihon Kikai Gakkai Ronbunshu B Hen/transactions of the Japan Society of Mechanical Engineers Part B, 1987, 53(486):623-629.

[46] Kojima N, Nakamura Y, Fukuda M. A study on the correlation between fluctuating velocity in a muffler and air flow noise: heat transfer, power, combustion, thermophysical properties[J]. JSME International Journal, 1987, 30(265):1113-1120.

[47] Izumi H, Kojima N, Fukuda M. A study on mufflers with air flow : 2nd report, various methods for the reduction of air flow noise[J]. Transactions of the Japan Society of Mechanical Engineers B, 1985, 28(238): 631-637.

[48] 蔡超,宫镇,诸圣国.存在气流时轴对称抗性消声器传递损失的有限元法求解[J].汽车工程,1994(5):296-302.

[49] 方丹群,孙家其,冯瑀正.微穿孔板消声器及其在高速气流下的消声性能[J].物理,1975,5(4).

[50] 刘丽萍,肖福明,陆辰,等.存在气流时消声器消声性能的试验研究[J].内燃机工程,2001,22(1):54-57.

[51] 刘丽萍,肖福明.扩张室式消声器气流噪声的试验研究[J].机械工程学报,2002,38(1):98-100.

[52] 刘丽萍,朱振杰.探讨消声器结构对气流再生噪声的影响[J].环境工程,2004,22(6):54-56.

[53] 邓兆祥,赵海军,赵世举,等.穿孔管消声单元气流再生噪声产生机理[J].内燃机学报,2009(5):452-457.

[54] 白儒.局部结构因素对抗性消声器性能影响的研究[D].烟台:山东大学,2014.

[55] 尹潞刚.基于CFD的消声器气流再生噪声数值计算[D].镇江:江苏大

学,2016.

[56] Davis D J, Stevens G L J, Moore D, et al. Theoretical and measured attenuation of mufflers at room temperature without flow, with comments on engine-exhaust muffler design[J]. Technical Report Archive & Image Library, 1953.

[57] Nelson C E, Chow W, Rosenthal P C, et al. Temperature-strength-time relationships in mufflers [J]. Society of Automotive Engineers-Meeting, 1956

[58] 黄其柏,夏薇.计及气和线性温度梯度的内燃机穿孔声管排气消声器研究[J].内燃机学报,1993(1):77-82.

[59] 黄其柏.计及气流和线性温度梯度的内插管扩张式消声器理论研究[J].声学技术,1998,17(2):50-53.

[60] Ule H, Novak C, Spadafora T, et al. Comparison of experimental and modeled insertion loss of a complex multi-chamber muffler with temperature and flow effects[J]. Canadian Acoustics, 2004

[61] 唐永琪,陈朝阳,胡立臣.汽车消声器性能计算中的气流与温度因素[J].合肥工业大学学报(自然科学版),2000,23(3):327-331.

[62] 李国祥,李娜,王伟,等.消声器内部流场及温度场的数值分析[J].内燃机学报,2003,21(5):337-340.

[63] 刘晨,季振林,胡志龙.高温气流对穿孔管消声器声学性能的影响[J].汽车工程,2008,30(4):330-334.

[64] 李以农,路明,郑蕾,等.汽车排气消声器内部流场及温度场的数值计算[J].重庆大学学报,2008,31(10):1094-1097,1102.

[65] 王巍,季振林,周海军.柴油机排气消声器阻力损失温度场特性研究[J].噪声与振动控制,2008(6):131-135.

[66] Munjal M L, Krishnan S, Reddy M M. Flow-acoustic performance element mufflers with application of pressure to design[J]. Noise Control Engineering Journal, 1993, 40(1): 159-167.

[67] Isshiki Y, Shimamoto Y, wakisaka T. Analysis of acoustic characteris-

tics and pressure lose in intake silencers by numerical simulation[J]. Transactions of the Japan Society of Mechanical Engineers Part B, 1993, 59(559):996-1001.

[68] Panigrahi S N, Munjal M L. Backpressure considerations in designing of cross flow perforated-element reactive silencers[J]. Noise Control Engineering Journal,2007, 55(6):504-515.

[69] 苏清祖,田冬莲.净化消声器压力损失计算方法[J].汽车工程,1999(1):63-67.

[70] 胡效东,周以齐,方建华.单双腔抗性消声器压力损失CFD研究[J].中国机械工程,2006,17(24):2567-2572.

[71] 胡效东,周以齐,方建华,等.基于CFD的挖掘机消声器结构优选研究[J].系统仿真学报,2007,19(13):3126-3129.

[72] 胡效东,周以齐,方建华,等.穿孔和非穿孔消声器压力损失研究[J].机械设计与研究,2007,23(2):110-112.

[73] 袁翔.抗性穿孔管消声器数值仿真研究[D].合肥:合肥工业大学,2009.

[74] Stewart G W. Acoustic wave filter[J]. Physics Reviews, 1992, 20: 528-551.

[75] Davis D, Stokes G, Moore D, et al. Theoretical and experimental investigation of muffler with comments on engine exhaust design[J]. NACA-Report, 1954: 827-875.

[76] Igarashi J, Toyama M. Fundamentals of acoustical silencers[J]. Acoustical Research Institute, 1958.

[77] 福田基一,奥田襄介.噪声控制与消声器设计[M].北京:国防工业出版社,1982.

[78] Panicker V B, Munjal M L. Aeroacoustic analysis of straight-through mufflers with simple and extended tube expansion chambers[J]. J Ind. Inst. Sc, 1981, 63(A).

[79] Sullivan J W, Crocker M J. Analysis of concentric-tube resonators having unpartitioned cavities[J]. Journal of the Acoustical Society of Ameri-

ca, 1978, 64(1):207-215.

[80] Prasad M G, Crocker M J. Evaluation of four-pole parameters for a straight pipe with a mean flow and a linear temperature gradient[J]. Journal of the Acoustical Society of America, 1981, 69(4).

[81] Prasad M G, Crocker M J. Studies of acoustical performance of a multi-cylinder engine exhaust muffler system[J]. Journal of Sound and Vibration, 1983, 90(4):491-508.

[82] Prasad M G, Crocker M J. Insertion loss studies on models of automotive exhaust systems[J]. Journal of the Acoustical Society of America, 1981, 70(5):1339-1344.

[83] Peat K S. A numerical decoupling analysis of perforated pipe silencer elements[J]. Journal of Sound and Vibration, 1988, 123(2):199-212.

[84] Ih J, Lee B. Analysis of higher-order mode effects in the circular expansion chamber with mean flow[J]. Journal of the Acoustical Society of America, 1985, 77(4):1377-1388.

[85] Selamet A, Dickey N S, Novak J M. A Time-domain computational simulation of acoustic silencers[J]. Journal of Vibration and Acoustics, 1995, 117(3):323-331.

[86] Dickey N S, Selamet A, Novak J M. Multi-pass perforated tube silencers: a computational approach[J]. Journal of Sound and Vibration, 1998, 211(3):435-447.

[87] 孙晋美.阻性消声器空气动力性能的理论及实验研究[D].青岛:山东科技大学,2004.

[88] 赵松龄,盛胜我.抗性消声器中含穿孔管时的声传递矩阵[J].声学技术,2000,19(1):2-5.

[89] 赵松龄,盛胜我.管道结构中含同轴穿孔管时的声传播特性[J].声学技术,1999(3):103-106.

[90] 蔡超,宫镇,赵剑,等.拖拉机抗性消声器声学子结构声传递矩阵研究[J].农业机械学报,1994,25(2):65-71.

[91] 黄其柏，师汉民，杨叔子，等. 计及气流和线性温度梯度的内燃机穿孔声管排气消声器研究[J]. 内燃机学报，1993，11(1)：77-82.

[92] 黄其柏. 计及气流和线性温度梯度的内插管扩张式消声器理论研究[J]. 声学技术，1998，17(2)：50-53.

[93] 蓝军，史绍熙. 发动机排气消声器传声特性的计算研究[J]. 内燃机学报，2001，19(3)：275-278.

[94] 董正身，张旭. 汽车排气消声器的二维有限元分析[J]. 小型内燃机与车辆技术，1998，27(4)：41-46.

[95] 陆森林，刘红光. 内燃机排气消声器性能的三维有限元计算及分析[J]. 内燃机学报，2003，21(5)：346-350.

[96] 杨振东. 柴油机排气消声器容积优选分析及研究[D]. 昆明：昆明理工大学，2008.

[97] 杨亮，季振林. 消声器中高频传递损失计算的有限元-模态匹配混合方法[J]. 振动与冲击，2017，36(23)：243-247，254.

[98] 夏轶栋，伍贻兆，吕宏强，等. 高阶间断有限元法的并行计算研究[J]. 空气动力学学报，2011，29(5)：537-541.

[99] 袁兆成，丁万龙，方华，等. 排气消声器的边界元仿真设计方法[J]. 吉林大学学报(工)，2004，34(3)：357-361.

[100] 孟强. 汽车发动机排气系统振动性能及内部流场仿真分析[D]. 沈阳：东北大学，2008.

[101] 董红亮，邓兆祥，来飞. 考虑温度影响的消声器声学性能分析及改进[J]. 振动工程学报，2009，22(1)：70-75.

[102] 税永波. 气固声热耦合的汽车排气消声器性能研究[D]. 成都：西南交通大学，2013.

[103] 税永波，徐小程，曹志良. 基于多场耦合的汽车排气消声器声学性能研究[J]. 制造业自动化，2015(4)：67-69.

[104] 税永波. 排气消声器耦合模态分析及声学应用[J]. 农业装备与车辆工程，2015，53(3)：18-21.

[105] 曹倩倩. 排气消声器多场性能分析研究[D]. 南京：南京航空航天大

学,2015.

[106] 王佐民，俞悟周，蔺磊. 通风隔声窗声学性能的传递矩阵法分析[J]. 声学技术，2007，26(2):277-281.

[107] 李政，王攀. 带有过渡管的消声器传递损失误差分析及修正[J]. 噪声与振动控制，2017，37(3):193-196.

[108] 杨亮，季振林. 穿孔消声器声学计算的快速多极混体边界元法[J]. 哈尔滨工程大学学报，2017，38(8):1247-1256.

[109] Vijayasree N K，Munjal M L. On an integrated transfer matrix method for multiply connected mufflers[J]. Journal of Sound and Vibration，2012，331(8):1926-1938.

[110] Sagar V，Munjal M L. Analysis and design guidelines for fork muffler with H-connection[J]. Applied Acoustics，2017，125:49-58.

[111] Guo R，Tang W B. Transfer matrix methods for sound attenuation in resonators with perforated intruding inlets[J]. Applied Acoustics，2017，116:14-23.

[112] Hua X，Herrin D W，Wu T W，et al. Simulation of diesel particulate filters in large exhaust systems[J]. Applied Acoustics，2013，74(12):1326-1332.

[113] Abdullah H，Abu A，Muhamad P，et al. Analysis of baffle effect for measuring transmission loss[J]. Applied Mechanics & Materials，2015，752-753:1263-1268.

[114] Shi X，Mak C M. Sound attenuation of a periodic array of micro-perforated tube mufflers[J]. Applied Acoustics，2017，115:15-22.

[115] 方智，季振林，刘成洋. 双腔结构消声器声学性能计算子域耦合方法[J]. 振动与冲击，2016，35(6):29-34.

[116] 邹震东，姜哲，倪龑. 复杂消声器中穿孔管传递矩阵的研究[J]. 科学技术与工程，2014，14(7):1-4.

[117] 康钟绪，郑四发，连小珉. 排气净化消声器声学性能数值仿真方法的研究[J]. 汽车工程，2011，33(3):226-230.

[118] 黄塈宇，蒋伟康，廖长江. 用于薄壳消声器传递矩阵中的一种新声源模型[J]. 上海交通大学学报，2008，42(8):1305-1309.

[119] 牛宁，朱从云，李力. 穿孔共振消声器的声场传递机理研究[J]. 机械设计与制造，2008(2):180-181.

[120] 张永波，黄其柏，周明刚，等. 并联内插管双室扩张式消声器的插入损失[J]. 农业机械学报，2007，38(8):49-52.

[121] 刘联鋆，郝志勇，郑旭. 复杂腔体四极子矩阵的三维 CFD 计算方法[J]. 振动工程学报，2013，26(2):298-302.

[122] 倪计民，解难，杜倩颖，等. 基于 DOE 的车用消声器优化设计[J]. 汽车技术，2012(3):22-26.

[123] 林森泉，侯亮，黄伟，等. 基于 GT-power 的消声器优化设计[J]. 厦门大学学报(自然科学版)，2013，52(3):376-381.

[124] Chiu M C, Chang Y C. Shape optimization of multi-chamber cross-flow mufflers by SA optimization[J]. Journal of Sound and Vibration, 2008, 312(3):526-550.

[125] Jin W L, Kim Y Y. Topology optimization of muffler internal partitions for improving acoustical attenuation performance [J]. International Journal for Numerical Methods in Engineering, 2009, 80(4):455-477.

[126] 刘嘉敏，黄虹溥，孙小园. 简单膨胀腔消声器声学特性的内部结构拓扑优化[J]. 重庆大学学报，2012，35(1):34-38.

[127] 相龙洋，左曙光，吴旭东，等. 车用两腔抗性消声器声学特性分析及结构优化[J]. 农业工程学报，2015，31(17):65-71.

[128] Jin W L. Optimal topology of reactive muffler achieving target transmission loss values: design and experiment [J]. Applied Acoustics, 2015, 88:104-113.

[129] 张翠翠，吴伟蔚，陈浩. 基于多目标遗传算法的消声器优化设计[J]. 噪声与振动控制，2010，30(3):141-143.

[130] 张俊红，朱传峰，毕凤荣，等. 基于 DOE 和 MIGA 的消声器优化设计[J]. 机械科学与技术，2016(2):296-302.

[131] Guo R, Wang L T, Tang W B, et al. A two-dimensional approach for sound attenuation of multi-chamber perforated resonator and its optimal design[J]. Applied Acoustics, 2017, 127:105-117.

[132] 李明瑞，邓国勇，米永振，等. 基于响应面法的乘用车消声器声学性能优化[J]. 上海交通大学学报，2017，51(9):1031-1035.

[133] Shen C, Liang H. Comparison of various algorithms for improving acoustic attenuation performance and flow characteristic of reactive mufflers[J]. Applied Acoustics, 2017, 116:291-296.

[134] 王巍，季振林，周海军. 柴油机排气消声器阻力损失和温度场特性研究[J]. 噪声与振动控制，2008，28(6):131-135.

[135] Zhang Y, Wu P, Ma Y, et al. Analysis on acoustic performance and flow field in the split-stream rushing muffler unit[J]. Journal of Sound and Vibration, 2018, 430:185-195.

[136] 苏赫，武佩，马彦华，等. 新型分流气体对冲排气消声器气流特性仿真[J]. 内燃机学报，2018，36(2):159-165.

[137] 郭立新，范威. 基于计算流体力学计算结果的穿孔管消声器声学性能研究[J]. 机械工程学报，2017，53(1):79-85.

[138] 田婵. 螺旋径向式微粒捕集器消声特性及流体均匀性分析[D]. 长沙：湖南大学，2012.

[139] 王曙辉，龚金科，蔡皓，等. 柴油机微粒捕集器泡沫型滤芯上气流压降特性研究[J]. 湖南大学学报(自然学科版)，2008，35(7):31-35.

[140] 王超. 微粒捕集器复合再生过程微粒燃烧与多场协同机理研究[D]. 长沙：湖南大学，2013.

[141] Bissett E. J. Mathematical model of the thermal regeneration of a wall-flow monolith diesel particulate filter[J]. Chemical Engineering Science, 1984, 39:1233-1244.

[142] 胡长松. 柴油机尾气颗粒捕集性能研究及数值模拟[D]. 上海：上海交通大学，2009.

[143] 胡长松，陈凌珊，王键. 柴油机尾气颗粒捕集气固两相流模拟研究[J]. 小

型内燃机与车辆技术,2010,38(5):5-8.

[144] Lee S, Jeong S, Kim W. Numerical design of the diesel particulate filter for optimum thermal performances during regeneration[J]. Applied Energy,2009,8(6):1124-1135

[145] 刘云卿,龚金科,蔡隆玉,等.柴油机壁流式过滤体非稳态捕集过程的计算模型[J].内燃机学报,2009,27(2):171-179.

[146] 龚金科,王曙辉,李林科,等.气流特征对柴油机微粒捕集器微波再生的影响研究[J].内燃机学报, 2008,26(3):248-254.

[147]刘云卿.壁流式柴油机微粒捕集器捕集及微波再生机理研究[D].长沙:湖南大学,2009.

[148]邵玉平,张建华,李骏.四气门柴油机气缸内气流运动的试验研究[J].内燃机工程,2000(4):11-15.

[149] 王丹.柴油机微粒捕集器及其再生技术研究[D].长春:吉林大学,2013.

[150] 刘庆.LJ276M电控汽油机排气消声器性能模拟分析与改进[D].武汉:武汉理工大学,2009.

[151] HirataY, Itow T. Influence of air flow on the attenuation characteristics of resonator type mufflers [J]. Acoustics,1973,28(2):115-120.

[152] Kojima N, Nakamura Y, Fukuda M. Study on the correlation between fluctuating velocity in a muffler and air flow noise[J]. JSME International Journal, 1987,30(265):1113-1120.

[153] Panigrahi S N, Munjal M L. Back pressure considerations in designing of cross flow perforated-element reactive silencers[J]. Noise Control Engineering Journal, 2007,55(6):504-51.

[154] 苏清祖,田冬莲.净化消声器压力损失计算方法[J].汽车工程,1999,21(1):61-65.

[155] 曹松棣.船用排气消声器阻力特性研究[D].哈尔滨:哈尔滨工程大学,2003.

[156] 黄继嗣,季振林.同轴抗性消声器声学和阻力特性的数值计算与分析[J].噪声与振动控制,2006,(5):91-95.

[157] 张东焕,陈学星.阻性管道消声器的动态特性测试[J].山东理工大学学报(自然科学版),2004,18(3):62-65.

[158] 楚磊.汽车抗性排气消声器的压力损失仿真研究[D].广州:华南理工大学,2012.

[159] Craggs A. An acoustic finite element approach for studying boundary flexibility and sound transmission between irregular enclosure[J]. Journal of Sound and Vibration,1973,30(3):343-357.

[160] 卢会超.汽车消声器声学性能及内部流场特性分析[D].重庆:重庆大学,2012.

[161] Young C I J,Crocker M J. Finite element acoustical analysis of complex muffler systems with and without wall vibration[J]. Noise Control Engineering,1977,9(2):86-93.

[162] Mechel F P. Formulas of acoustics [M]. 2nd Edition. Berlin: Springer Verlag, 2008.

[163] 毕嵘.复合式消声器声学特性的分析方法和实验研究[D].合肥:合肥工业大学,2012.

[164] 毕嵘,刘正士,陆益民,等.多入口多出口抗性消声器的声学性能研究[J].汽车工程,2014,36(2):242-248.

[165] 李景.抗性消声器声学与流体动力学仿真研究[D].重庆:重庆大学,2012.

[166] 黄冠鑫,闫兵,涂启养,等.基于SYSNOISE软件的穿孔管消声器声学性能分析[J].内燃机,2011(3):9-12.

[167] 袁启慧.基于Virtual Lab的汽车排气消声器性能仿真研究[D].重庆:重庆交通大学,2013.

[168] Davies POAL. Flow-acoustic coupling in ducts[J]. Academic Press,1981,77(2):191-209.

[169] Dokumaci E. Sound transmission in narrow pipes with superimposed uniform mean flow and acoustic modelling of automobile catalytic converters[J]. Journal of Sound and Vibration,1995,182(5):799-808.

[170] Aygun H, Attenborough K. The insertion loss of perforated porous plates in a duct without and with mean air flow[J]. Applied Acoustics, 2006,69(6):506-513.

[171] Duwairi H M. On the non-isentropic sound waves propagation in a cylindrical tube filled with saturated porous media[J]. Transport in Porous Media,2009,79(2):285-300.

[172] Kim Y H, Choi J W, Lim B D. Acoustic characteristics of an expansion chamber with constant mass flow and steady temperature gradient (theory and numerical simulation)[J]. J. Vib. Acoust,1990,112:460-467.

[173] Kim Y H, Choi J W General solution of acoustic wave equation for circular reversing chamber with temperature gradient[J]. J. Vib. Acoust, 1991,113:543-550.

[174] Denia F D, Fuenmayor F,Javier T A J,et al. Numerical modelling of thermal effects on the acoustic attenuation of dissipative mufflers[J]. INTER-NOISE and NOISE-CON Congress and Conference Proceedings,2012(10).

[175] Denia F D,Sánchez-Orgaz E M,Martínez-Casas J ,et al. Finite element based acoustic analysis of dissipative silencers with high temperature and thermal-induced heterogeneity[J]. Finite Elements in Analysis & Design,2015,101:46-57.

[176] 徐磊,陈二云,李直,等.具有平均流管道消声器声学特性的三维边界元方法研究[J].能源工程,2016(1):42-46.

[177] Cao Y P,Ke H B ,Lin Y S ,et al. Investigation on the flow noise propagation mechanism in simple expansion pipelines based on synergy principle of flow and sound fields[J]. Energy Procedia,2017,142:3870-3875.

[178] 杜华蓉. 考虑热声固耦合某车用排气消声器声学特性研究[D].南京:南京航空航天大学,2019.

[179] 王路宇. 具有温度梯度的管道及消声器声学性能研究[D].哈尔滨:哈尔滨工程大学,2020.

[180] 刘文瑜,罗卫东.温度场影响下的某消声器声学性能研究[J].噪声与振动控制,2021,3(41):241-244,251.

[181] 黄继嗣. 内燃机排气消声器声学和阻力特性研究[D].哈尔滨:哈尔滨工程大学,2006.

[182] 黄信男. 气囊式水消声器性能仿真与实验研究[D].哈尔滨:哈尔滨工程大学,2008.

[183] Satish S, Kumar S M. Numerical investigation of back pressure and acoustic attenuation performance of two and three chamber exhaust muffler[C]//Journal of Physics: Conference Series. IOP Publishing, 2021, 1850(1).

[184] Shen C, Hou L. Comparison of various algorithms for improving acoustic attenuation performance and flow characteristic of reactive mufflers [J]. Applied Acoustics,2017, 116.

[185] Elsayed A, Bastien C, Jones S, et al. Investigation of baffle configuration effect on the performance of exhaust mufflers[J]. Case Studies in Thermal Engineering, 2017, 10: 86-94.

[186] 徐贝贝. 排气消声器声学性能预测的有限元法研究[D].哈尔滨:哈尔滨工程大学, 2009.

[187] Patne M M, Senthilkumar S, Stanley M J. Numerical analysis on improving transmission loss of reactive muffler using various sound absorptive materials[C]//IOP Conference Series: Materials Science and Engineering. IOP Publishing, 2020, 993(1).

[188] Xiang L, Zuo S, Wu X, et al. Study of multi-chamber micro-perforated muffler with adjustable transmission loss[J]. Applied Acoustics, 2017, 122: 35-40.

[189] 袁守利,辛超,刘志恩,等.汽车排气消声器三维声场分析[J].噪声与振动控制,2014,34(1):113-117.

[190] Arslan H, Ranjbar M, Secgin E, et al. Theoretical and experimental investigation of acoustic performance of multi-chamber reactive silencers

[J]. Applied Acoustics, 2020, 157.

[191] Kamarkhani S, Mahmoudi Kohan A. Muffler design with baffle effect and performations on transmission loss [J]. Mechanics and Mechanical Engineering, 2020, 22(4):37-44.

[192] Xiang L, Zuo S, Zhang M, et al. Study of micro-perforated tube mufflers with adjustable transmission loss[C]//Proceedings of Meetings on Acoustics 166ASA. Acoustical Society of America, 2013, 20(1).

[193] 宫建国,马宇山,崔巍升,等.汽车消声器声学特性的声传递矩阵分析[J].振动工程学报,2010,23(6):636-641.

[194] Desantes J M, Serrano J R, Arnau F J, et al. Derivation of the method of characteristics for the fluid dynamic solution of flow advection along porous wall channels[J]. Applied Mathematical Modelling, 2012, 36(7): 3134-3152.

[195] Barbieri R, Barbieri N. Acoustic horns optimization using finite elements and genetic algorithm[J]. Applied Acoustics, 2013, 74(3): 356-363.

[196] 刘文瑜,罗卫东. 温度场影响下的某消声器声学性能研究 [J]. 噪声与振动控制, 2021,3(41): 241-244,251.

[197] 刘晨,季振林,胡志龙. 高温气流对穿孔管消声器声学性能的影响 [J]. 汽车工程, 2008, 4: 330-334.

[198] Chen Z, Ji Z, Huang H. Acoustic impedance of perforated plates in the presence of fully developed grazing flow[J]. Journal of Sound and Vibration, 2020, 485: 115547.

[199] 张智. 消声器有流传递损失性能测试系统设计及隔声性能研究 [D]. 西安: 长安大学, 2020.

第 2 章
消声器的分类及性能评价指标

本章主要从消声器的分类及消声机理、消声器的性能评价指标两个方面，对消声器的基本理论进行简单介绍，为后续对消声器进行流场及声场的分析提供理论依据。

2.1 消声器的分类

消声器根据声波在其管道内不同的消声原理可分为六种类型，分别是：阻性消声器、抗性消声器、阻抗复合式消声器、扩张式消声器、共振式消声器和电子消声器[1]。

2.1.1 阻性消声器

阻性消声器是指在气流流动的管道内壁上安装多孔吸声材料来吸收噪声的消声器（见图 2.1）。当发动机排气管中的噪声进入阻性消声器的内部时，声波在多孔吸声材料的孔隙中来回振荡并与材料的壁面不断地摩擦而生成热能，热能沿着消声器的腔体壁面逐渐扩散掉；噪声则在管道传播的过程中随着距离

图 2.1 阻性消声器

的增加而不断衰减,从而达到降低噪声的效果。阻性消声器属于吸收声波能量的消声器,使用范围很广,对中频或高频段噪声和在气流阻力小的情况下消声效果良好。但是该类消声器中的多孔吸声材料具有的细孔结构,容易被高温尾气中的碳烟颗粒或者油泥堵塞,从而导致消声性能降低,并且该类消声器对低频段噪声的消声效果比较差[2]。

2.1.2 抗性消声器

抗性消声器是指声波在沿管道传播过程中,因管道截面突然变大、减小或消声器腔体旁接的共振腔的阻抗发生改变而导致声波产生反射及干涉,从而使消声器向外辐射的声能减少,进而使管道中的噪声降低的一类消声器(见图 2.2)。抗性消声器结构简单,适用于高温、潮湿、对流速度较大等恶劣的工作环境中。抗性消声器的消声频带宽度比较窄,对中低频段的噪声消声效果较好,而对高频段的噪声消声作用比较差[3]。为了增加其消声频带的宽度,通常采用增加多个截面突变或者加装穿孔板的方式形成多共振腔消声器。抗性消声器根据其结构布局的不同又可以分为扩张式、共振式和干涉式等几种类型。

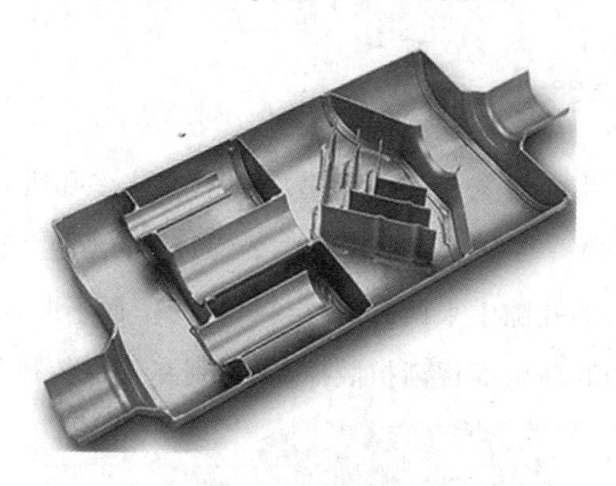

图 2.2 抗性消声器

2.1.3 阻抗复合式消声器

阻抗复合式消声器是指把阻性单元结构和抗性单元结构根据消声量的需求进行组合以获得更宽频带的消声性能的消声器(见图 2.3)。其阻性单元对高频段的噪声有比较良好的消声性能,其抗性单元对中低频段的噪声有比较良好的消声性能，故其具有较宽的消声频带[4]。一般情况下，在对阻抗复合式消声器进行设计时，通常将抗性单元放在消声器的入口处，阻性单元位于其后，这样可以得到比较宽广的消声频带。

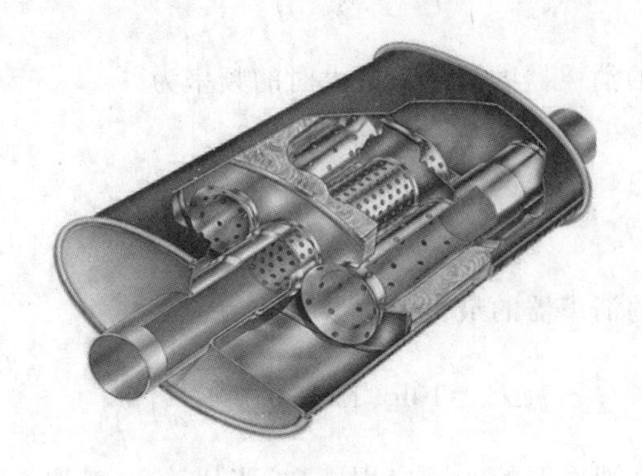

图 2.3　阻抗复合式消声器

2.1.4　扩张式消声器

扩张式消声器(见图 2.4)也称为膨胀式消声器，其消声量 Δl 的影响因素主要为腔室长度 l 及扩张比 m 等。单个膨胀腔的扩张式消声器的消声量 Δl 可由如下公式计算[5]：

$$\Delta l=10\lg\left[1+\frac{1}{4}\left(m-\frac{1}{m}\right)^2\sin^2(kl)\right] \tag{2.1}$$

式中：Δl 为消声量，dB；

m 为扩张比；

k 为波数，m^{-1}；

图 2.4　扩张式消声器

l 为扩张腔室的长度，m。

单个膨胀腔的消声器的消声量为 0 时的频率为

$$f_{\min}=\frac{n}{2}\cdot\frac{c}{l}\cdot\cdots \tag{2.2}$$

单个膨胀腔的消声器的消声量最大时的频率为

$$f_{\max}=\frac{2n+1}{4}\cdot\frac{c}{l}\cdot\cdots \tag{2.3}$$

式中：c 为声速，m/s。

单个膨胀腔的消声器的最大消声量 Δl_{m} 为

$$\Delta l_{\mathrm{m}}=10\lg\left[1+\frac{1}{4}\left(m-\frac{1}{m}\right)^2\right] \tag{2.4}$$

在柴油机排气消声器的实际应用中，扩张比 m 一般取 9～20，最大不超过 20。由公式(2.1)可知单个膨胀腔的消声器的消声量 Δl 与扩张比 m 正相关，表 2.1 所示为单个膨胀腔的消声器的最大消声量 Δl_{m} 与扩张比 m 的关系。

表 2.1　最大消声量 Δl_{m} 与扩张比 m 的关系

m	1	2	3	4	5	6	7	8	9	10
Δl_{m}/dB	0	1.9	4.4	6.5	8.5	9.8	11.1	12.2	13.2	14.1
m	11	12	13	14	15	16	17	18	19	20
Δl_{m}/dB	15.6	15.6	16.2	16.9	17.5	18.1	18.6	19.1	19.5	20.0

2.1.5　共振式消声器

共振式消声器(见图 2.5)也是一种典型的对低频噪声具有较好控制作用的抗性消声器，它的结构特点是在气流通道壁面开有若干小孔与亥姆霍兹共振腔相连，其主要结构类型有同轴型、旁支型以及狭缝型。共振式消声器气流通道壁面的小孔与亥姆霍兹共振腔形成了一个弹性吸振系统，气流通道壁面的孔颈内存在具有一定质量的空气柱，在声压的作用下，此段空气柱会进行一定的往复运动，此时它能够起到类似活塞的作用，与孔壁进行摩擦，将声能转化为热能耗散。尤其是当噪声声波频率与亥姆霍兹共振腔的固有频率趋于一致时，会产生共振现象，在共振频率附近空气振动速度往往最大，此时亥姆霍兹共振腔能够将

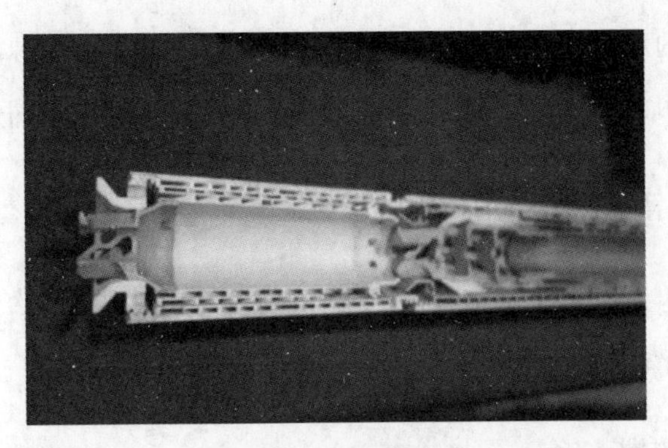

图 2.5　共振式消声器

较多的声能耗散掉，产生最优的消声作用。但共振式消声器的消声频带较窄，只能在亥姆霍兹共振腔固有频率附近产生较显著的消声效果。共振式消声器在噪声声波的波长大于亥姆霍兹共振腔最大尺寸的三倍时，其固有频率 f_0 为[6]

$$f_0=\frac{c}{2\pi}\sqrt{\frac{s_0}{Vl_k}} \tag{2.5}$$

式中：V 为共振腔容积，m^3；

c 为声速，m/s；

s_0 为穿孔截面积，m^2；

l_k为孔颈有效长度，m。

共振腔的消声量 Δl 在忽略声阻时可以用下式进行计算：

$$\Delta l=10\lg\left[1+\left(\frac{k^2}{\frac{f}{f_0}-\frac{f_0}{f}}\right)^2\right]=10\lg\left[1+\left(-\frac{\sqrt{GV}/2S}{\frac{f}{f_0}-\frac{f_0}{f}}\right)^2\right] \tag{2.6}$$

式中：Δl 为消声量，dB；

S 为气流通道横截面面积，m^2；

G 为传导率，m；

V 为空腔容积，m^3；

f_0为共振腔消声器的固有频率，Hz；

f 为外来声波的频率，Hz。

2.1.6　电子消声器

随着计算机技术的快速发展以及电子控制装置的智能化，电子消声器逐渐进入消声降噪的应用研究范畴。目前电子消声器主要包括有源消声器、HQ管消声器和膜结构消声器，其中HQ管消声器和膜结构消声器为半有源消声器。

2.2 消声器性能评价指标

消声器性能好坏主要通过声学性能、空气动力学性能以及结构性能三个评价指标来进行评价[7]。

2.2.1 声学性能

声学性能是对消声器进行评价的主要指标之一。它要求所研究的消声器在要求的频率范围内具有良好的消声特性而且具有足够大的消声量。传递损失(L_{TL})、插入损失(L_{IL})、末端减噪量(L_{NR})、噪声衰减量(NR)和消声频带是用于评价消声器声学性能的几个量。

1. 传递损失

传递损失是指消声器入口处的声功率级L_{W1}与出口处的声功率级L_{W2}之差。其表达式为

$$L_{TL}=10\lg(W_1/W_2)=L_{W1}-L_{W2} \tag{2.7}$$

式中：W_1、W_2分别为入口处与出口处的声功率，W；

L_{W1}、L_{W2}分别为入口处与出口处的声功率级，dB。

传递损失是消声器本身所具备的固有属性，它与外部的环境以及声源的属性没有关系[8]。因为无法在进行实验时直接测得消声器的声功率级，所以往往是先测量消声器入口处及出口处的平均声压级，再根据如下公式计算消声器的声功率级：

$$L_{W1}=L_{p1}+10\lg S_1 \tag{2.8}$$

$$L_{W2}=L_{p2}+10\lg S_2 \tag{2.9}$$

式中：L_{p1}为入口处的平均声压级，dB；

L_{p2}为出口处的平均声压级，dB；

S_1为入口截面积，m^2；

S_2为出口截面积，m^2。

2. 插入损失

如图 2.6 所示,插入损失是指安装消声器与不安装消声器时在同一测点处声压级的差值。

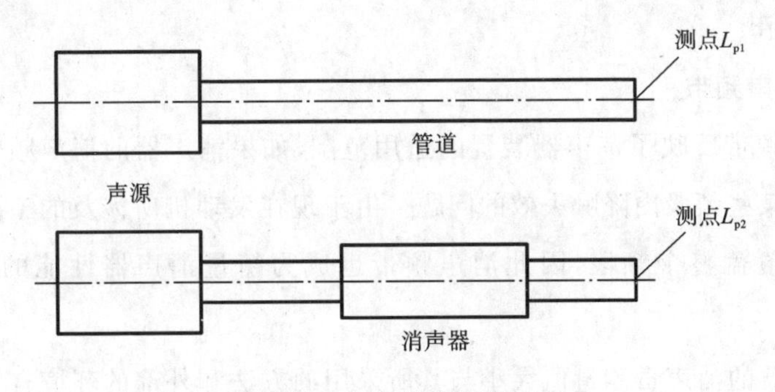

图 2.6　插入损失测量图

插入损失的计算公式为

$$L_{IL}=L_{p1}-L_{p2}=20\lg\frac{P_1}{P_2} \tag{2.10}$$

式中:P_1 为不安装消声器时测点的声压,Pa;

P_2 为安装消声器时测点的声压,Pa;

L_{p1}为不安装消声器时测点的声压级,dB;

L_{p2}为安装消声器时测点的声压级,dB。

插入损失与传递损失不同,它不仅与消声器本身的属性有关,还与噪声源、排气管尾端的负载以及系统的总体组成情况有紧密关系。由于插入损失是在整个环境中测量固定点的声压级之差,在测量插入损失时会受到环境噪声的影响,因此一般将测点选在靠近噪声源的位置。这样可以降低外部环境噪声对测量结果所造成的测量误差影响。

3. 末端减噪量

末端减噪量是指消声器入口处的声压级 L_{p1} 与出口处的声压级 L_{p2} 之差。末端减噪量的测量方式很简单,当在试验条件有限的情况下无法进行传递损失测试时,可以通过测量末端减噪量来代替测试。末端减噪量的计算公式为

$$L_{NR}=L_{p1}-L_{p2} \tag{2.11}$$

式中:L_{p1}、L_{p2}分别为消声器入口处、出口处的声压级,dB。

4. 噪声衰减量

噪声衰减量是指声波在消声器中的传播路径上的任意两点之间的声功率级之差,它反映了声波在消声器腔体或者管道内的衰减特性,用每米的衰减分贝数来表示[9]。

5. 消声频带

消声频带反映了消声器装置的适用范围,如果消声器的消声频带过窄,就会出现在某些频段内降噪失效的问题。由于现在发动机所涉及的工况较复杂,噪声逐渐覆盖整个频段,因此消声频带也成为衡量消声器性能的一个重要指标。

消声器的消声量测量值大小与其所采用的方法和外部的环境有关,在不同的环境下所采用的方法不同,测量所得的结果也会不同。因此,在对消声器声学性能进行评价时,需要对测得消声量结果所采用的测量方法和环境进行详细说明。在声源和管口端无反射的情况下,传递损失的值和插入损失的值相等。不同评价指标的特点汇总于表 2.2 中。

表 2.2　不同评价指标的特点

评价指标	传递损失	插入损失	减噪量
预测难易度	容易	困难	困难
实际测量	不易测量	容易测量	不易测量
声学预测	消声效果的近似值	实际消声效果	消声效果的近似值
运用方法	理论分析	实际测量	台架测试

2.2.2　空气动力学性能

消声器的空气动力学性能所反映的是它对气流阻碍作用的大小,它是评价消声器性能的另一重要指标。如果消声器的空气动力学性能比较差,则会导致发动机的油耗增加,从而使发动机的经济性能变差。

通常使用阻力损失的大小来反映消声器的空气动力学性能的好坏。

阻力损失是指尾气流经排气净化消声器进气管及排气管端面所产生的平均压力差,其计算表达式为[10]

$$\Delta p=\overline{p}_i-\overline{p}_o \tag{2.12}$$

式中：$\overline{p}_i$为排气净化消声器进气管端面平均压力；

$\overline{p}_o$为排气净化消声器排气管端面平均压力。

沿程阻力损失H_β和局部阻力损失H_ξ是排气净化消声器主要的阻力损失。因为排气净化消声器内部腔室壁面具有一定的粗糙度，所以当柴油机尾气在其中流动时会产生沿程阻力损失H_β，其可由下式进行表达：

$$H_\beta=\beta\frac{l}{d_g}\frac{\rho v^2}{2g} \tag{2.13}$$

式中：β为排气净化消声器内尾气气流与腔壁的沿程阻力系数，其与腔室壁面的粗糙度有关；

l为排气净化消声器的长度，m；

d_g为排气净化消声器腔室的截面直径，m；

ρ为气体密度，kg/m^3；

v为气流速度，m/s；

g为重力加速度，m/s^2。

排气净化消声器内部结构发生突变，如内部截面的弯折或突变会产生气流的局部阻力损失H_ξ，其可由下式进行表达[11]：

$$H_\xi=\xi\frac{\rho v^2}{2g} \tag{2.14}$$

式中：ξ为局部阻力系数，与排气净化消声器的结构有关。

排气净化消声器的阻力损失，即为沿程阻损H_β与局部阻损H_ξ之和，即

$$H_r=H_\xi+H_\beta \tag{2.15}$$

功率损失是指安装排气净化消声器前后两种状态下柴油机功率的差值，功率损失的计算表达式为

$$\Delta P_e=P_{e1}-P_{e2} \tag{2.16}$$

式中：P_{e1}、P_{e2}分别表示安装排气净化消声器前后柴油机的功率，W。

2.2.3 其他性能

1. 净化性能

减少柴油机的尾气污染一直以来都是众多国内外学者研究的热点方向。

PM(颗粒状物质)和 NO_x 是柴油机尾气中主要的排放污染物,其余的 CO 和 HC 等排放污染物的成分较少,所以减少柴油机尾气污染主要是通过机内净化以减少 PM 和 NO_x 的产生及机外净化以减少其排放来实现[12]。安装排气后处理装置便是控制柴油机尾气污染的一种最为广泛采用的方式。排气催化消声器与排气净化消声器是两种有效的尾气后处理装置。

排气催化消声器是在消声器腔体内部添加催化基体的消声器。催化基体上带有催化转化剂,其主要活性成分包括 Pt、Rh、Pd 等。尾气流经排气催化消声器时这些活性成分可有效对尾气中的 NO_x、HC、CO 及尾气微粒中的可溶性有机成分(SOF)、多环芳香烃(PAII)等进行催化转化,明显降低柴油机尾气中这些污染物成分的含量。

排气净化消声器主要通过在消声器腔体内部添加净化基体来实现对柴油机尾气中的 PM 进行过滤捕集。常见的净化基体有陶瓷基过滤基体、金属基过滤基体、纤维过滤基体等。虽然不同净化消声器的净化材料不一样,但是其过滤机理基本一致。利用净化基体内部曲折复杂的结构,可在柴油机尾气经过时通过拦截、重力沉积、扩散以及惯性碰撞等方式对柴油机尾气中的 PM 进行捕集,以降低柴油机尾气中颗粒状物质所占的比例。

2. 结构性能

对排气噪声进行降噪消声的消声器,长期处于高温、冲击甚至腐蚀的环境中,因此在设计消声器时需要对消声器的结构可靠性予以充分考虑,以保证其工作寿命。消声器的体积不宜过大,这样一方面可以节省材料,减少成本,另一方面也有利于其安装,因为柴油机结构的紧凑性对消声器体积大小的限制作用比较大。

消声器的消声性能、空气动力学性能及结构性能之间是相互联系的,彼此间存在影响,因此在对消声器进行研发设计时应根据实际情况综合考虑三个性能评价指标,使其消声性能、空气动力学性能和结构性能达到最优状况。

2.3 本章小结

本章首先介绍了消声器的分类,按照消声器的消声机理可以把消声器分为抗性消声器、阻性消声器、阻抗复合式消声器、扩张式消声器、共振式消声器和电子消声器六种类型，并简单介绍了它们的消声原理。然后介绍了评价消声器性能好坏的指标，主要包括空气动力学性能、声学性能、净化性能以及结构性能等，为后文的研究做铺垫。本章框架如图 2.7 所示。

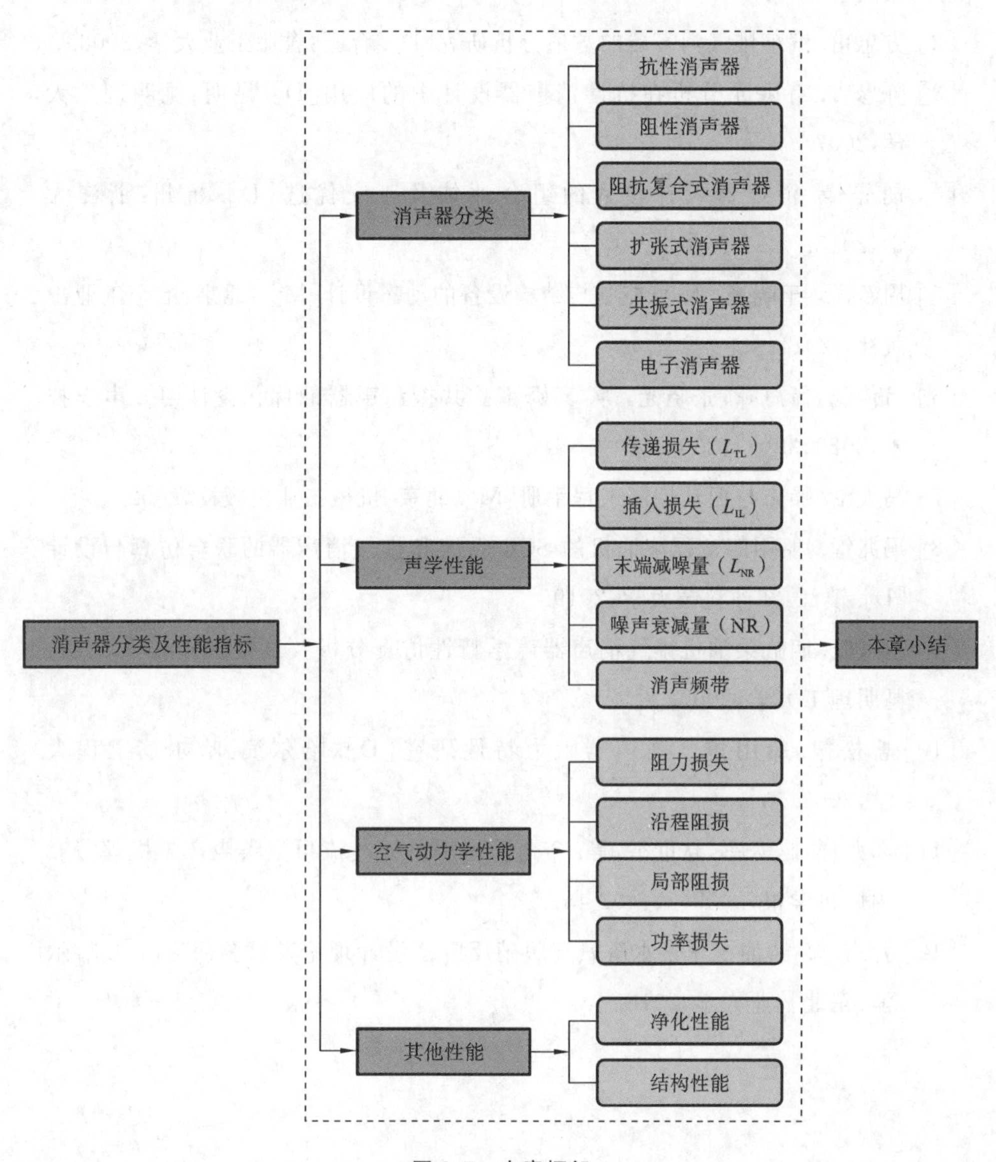

图 2.7　本章框架

本章参考文献

[1] 冯莉黎.汽车排气消声器声学特性分析和设计研究[D].南京:南京航空航天大学,2008.

[2] 方忠甫.汽车排气消声器的数值分析研究[D].合肥:合肥工业大学,2006.

[3] 陈忠吉.有限元分析在抗性消声器设计中的应用[D].昆明:昆明理工大学,2007.

[4] 胡先锋.消声器设计参数的组合评估及正交优选[D].杭州:浙江大学,2013.

[5] 周新祥,于晓光.噪声控制与结构设备的动态设计[M].北京:冶金工业出版社,2014.

[6] 吕传茂,吕海峰,张晓光,等.亥姆霍兹共振消声器的优化设计[J].声学技术,2020,39(2):230-234.

[7] 马大猷.噪声与振动控制工程手册[M].北京:机械工业出版社,2002.

[8] 冯兆缘.船用四冲程柴油机的SCR系统和排气消声器的联合仿真与设计[D].镇江:江苏科技大学,2019.

[9] 范钱旺.四缸柴油机排气消声器声学特性仿真分析及试验研究[D].昆明:昆明理工大学,2007.

[10] 曹松棣.船用排气消声器阻力特性研究[D].哈尔滨:哈尔滨工程大学,2003.

[11] 邓兆祥,赵海军,赵世举,等.穿孔管消声单元气流再生噪声产生机理[J].内燃机学报,2009(5):452-457.

[12] 亓占丰.柴油机尿素水解氨气脱硝反应器设计理论及试验研究[D].哈尔滨:东北林业大学,2018.

第 3 章
消声器流场及基础声学理论

3.1 流体力学理论基础

3.1.1 流体力学基本概念

1. 流体密度

流体密度 ρ 是指单位流体体积的质量，其表达式为

$$\rho=\frac{m}{V} \tag{3.1}$$

式中：ρ 为流体的密度，kg/m^3；

m 为流体的质量，kg；

V 为流体的体积，m^3。

2. 流体黏性

流体黏性是指当流体处于运动状态时，流体分子间阻止产生剪切变形的性质。黏性会阻止流体产生剪切变形，导致流体在流动过程中因阻力作用而损耗能量。

牛顿内摩擦定律又称黏性定律，该定律指出：流体在流动的过程中，相邻流层之间所产生的抵抗剪切变形的黏性力与流体流动速度的梯度、流层间的接触面积成正比的关系，其表达式为

$$F=\mu A\frac{\mathrm{d}u}{\mathrm{d}y} \tag{3.2}$$

式中：F 为相邻流层间的黏性力，N；

μ 为动力黏性系数或动力黏度，$N\cdot s/m^2$ 或 $Pa\cdot s$；

A 为流层间的接触面积，m^2；

$\frac{du}{dy}$为速度梯度，1/s。

运动黏度 ν 是动力黏度 μ 与流体密度 ρ 之比，即

$$\nu=\frac{\mu}{\rho} \tag{3.3}$$

3. 可压缩流体与不可压缩流体

流体的可压缩性是指在外界温度和压强变化的影响下单位体积流体的质量发生变化，当外界影响消失后流体又恢复到外界温度和压强变化之前状态的性质。

可压缩性是一切流体的基本属性。任何流体都可以被压缩，只是程度有所差别。在所有的流体类型中，只有液体的可压缩性比较小。当外界的压强和温度发生变化时，液体的密度几乎不会改变，可看作常数。称单位体积质量为常数的流体是不可压缩流体。气体的可压缩性较大，当外界条件变化时，气体单位体积质量变化比较大，不能稳定为常数。称单位体积质量因温度和压强的变化而发生变化的流体是可压缩流体。

4. 层流与湍流

当流体的速度比较小时，流体的分子之间没有发生干扰现象及混合作用反而呈现出分层的状态，这样的流动现象称为层流。当流体的速度达到一定大小时，流体间将发生干扰现象及混合作用而导致流动出现紊乱的现象，这种流动现象通常称为湍流。

5. 雷诺数

当流体在流动状态时，流体的惯性力与黏性力的比值被称作雷诺数。雷诺数可以用来表示流体的流动特性，其表达式为

$$Re=\frac{uL}{\nu} \tag{3.4}$$

式中：Re 表示雷诺数，为一个无因次量；

u 为截面上流体的平均速度，m/s；

L 为特征长度，m；

ν 为流体的运动黏度，m^2/s。

当流体在圆管内流动时，取圆管的直径 d 为特征长度 L，则雷诺数的表达式为

$$Re=\frac{ud}{\nu} \tag{3.5}$$

当流体在异型管道内流动时，取水力直径 d_H 为特征长度 L，则雷诺数的表达式为

$$Re=\frac{ud_H}{\nu} \tag{3.6}$$

异型管道的水力直径 d_H，定义如下：

$$d_H=4\frac{A}{S} \tag{3.7}$$

式中：A 为管道截面积，m^2；

S 为管道截面中流体与管道壁面接触的周长，m。

流体的流动特性通常通过雷诺数 Re 的大小来判断。当雷诺数比较小时，流动被称作层流；当雷诺数超过一定的数值时，流动被称作湍流。当雷诺数在一定区间时，流动被称作过渡状态。例如：一般认为管内流动临界雷诺数是2000，若流体流动为层流流动，则雷诺数 $Re<2000$；若流体流动为湍流流动，则雷诺数 $Re>4000$；若流体流动为过渡状态，则 $2000<Re<4000$。

3.1.2 一维平面波声学概念

3.1.2.1 一维平面波理论分析假设

声波在净化消声器内传播时，实际声波所处环境和传播方式比较复杂，所涉及的影响因素众多，在理论分析过程中，难以考虑众多复杂因素，需要进行合理的假设，既保证理论分析的可行性，又确保理论计算的可靠性。做如下假设[1,11]：

(1) 声传播介质为理想流体；

(2) 声扰动为小振幅扰动；

(3) 声传播过程中介质流动速度均匀分布；

(4) 声传播过程与外界绝热；

(5) 声波沿消声器轴向以一维平面波传播。

3.1.2.2　传递矩阵法的基本原理

声波以平面波在消声装置内传播，在任意消声装置的消声进口端和消声出口端均可用进口端声压 p_1、进口端质点振速 u_1、出口端声压 p_2 和出口端质点振速 u_2 来描述其声学状态，进口端和出口端的声学状态参数关系可由公式确定。其中，矩阵 $\boldsymbol{T}$ 反映了声学单元两端声学状态关系，称作传递矩阵。

$$\boldsymbol{T}=\begin{bmatrix} T_{11} & T_{12} \\ T_{21} & T_{22} \end{bmatrix} \tag{3.8}$$

通常情况下，管道消声系统的结构复杂多样，传递矩阵法是根据两消声单元在其相邻横截面处声压和质点振速连续原理，将复杂管道消声系统划分为简单的基本消声单元，每个基本消声单元进出口之间的关系都可以用式(3.8)所示的传递矩阵表示，得到各基本消声单元传递矩阵后，依次序组合可得到完整的净化消声器传递矩阵。

假如由 n 个单元串联组成的管道声学系统，各消声单元的传递矩阵分别为 $\boldsymbol{T}_1$、$\boldsymbol{T}_2$、$\boldsymbol{T}_3$、…、$\boldsymbol{T}_n$，则整个管道声学系统的传递矩阵为

$$\boldsymbol{T}=\boldsymbol{T}_1\boldsymbol{T}_2\boldsymbol{T}_3\cdots\boldsymbol{T}_n \tag{3.9}$$

在已知排气消声系统结构总体情况的前提下，利用传递矩阵法计算相应消声系统的传递损失，首先需要计算其传递矩阵。整个排气消声系统的传递矩阵可由各个基本消声单元的传递矩阵连续相乘得到。

3.1.2.3　基于传递矩阵法的声学性能分析

中小型农用柴油机的排气净化消声器一般不是只有一个简单消声单元，不能由一个消声单元的传递矩阵直接计算出净化消声器的消声特性；而是由多个消声单元根据一定的尺寸参数组合在一起，形成的一个消声系统。在计算净化消声器的传递损失时，需要将整个消声系统划分成多个消声单元，逐个分析计算各消声单元的传递矩阵，进而计算整个净化消声器的传递矩阵。

如图 3.1 所示，根据结构布局将排气净化消声器划分为 8 个基本消声单元，各基本消声单元采用串联方式连接。其中，单元①、④、⑥和⑧为等截面直管消声单元，单元②为内插穿孔管结构单元，单元③为截面突扩单元，单元⑤为泡沫陶瓷单元，单元⑦为截面突缩单元，p_i 和 u_i($i=0,1,2,\cdots,8$)分别是图中所

示相应位置的声压和质点振速。

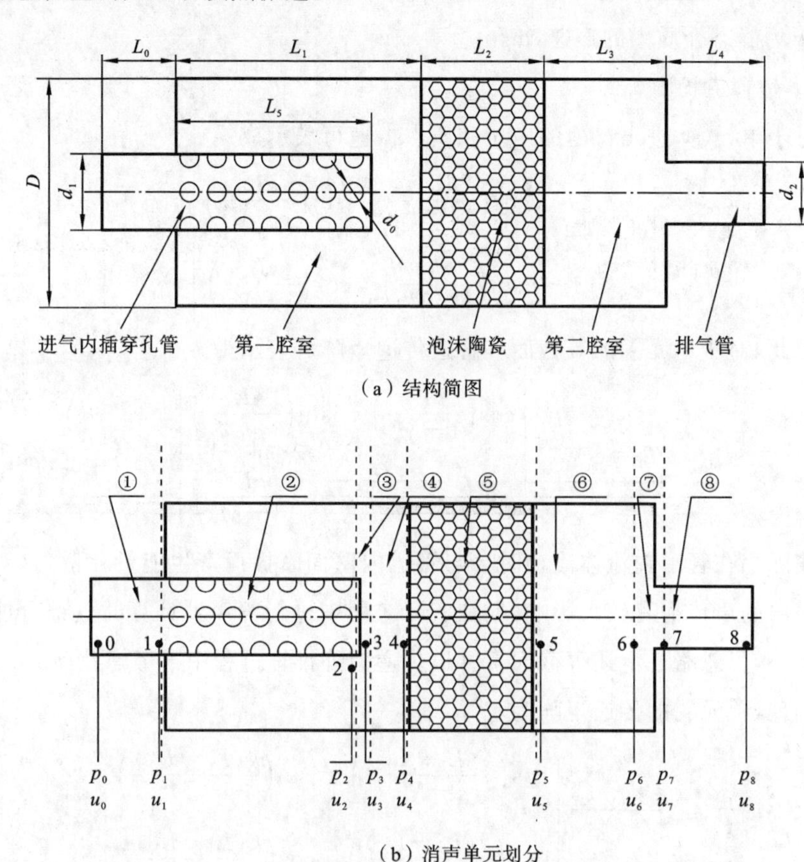

（a）结构简图

（b）消声单元划分

图 3.1　排气净化消声器的结构和消声单元划分

1. 等截面直管消声单元的传递矩阵

当等截面直管道内存在均匀流，声波在管道内部以平面波形式传播时，声压和质点振速可以表示为[2,12,13]

$$\begin{cases} p(x)=p^{+}\mathrm{e}^{-\mathrm{j}kx/(1+M)}+p^{-}\mathrm{e}^{\mathrm{j}kx/(1-M)} \\ \rho_0 c u(x)=p^{+}\mathrm{e}^{-\mathrm{j}kx/(1+M)}-p^{-}\mathrm{e}^{\mathrm{j}kx/(1-M)} \end{cases} \tag{3.10}$$

式中：p^{+}是入射声波的声压，Pa；

p^{-}是反射声波的声压，Pa；

k 为波数；

M 为均匀流马赫数；

ρ_0 为气体密度，kg/m^3；

c 为静态介质中的声速，m/s；

x 是管道长度，m。

对于单元①，进出口处的声压和质点振速可表示成

$$\begin{bmatrix} p_0 \\ \rho_0 c u_0 \end{bmatrix} = e^{-\frac{jMkL_0}{1-M^2}} \begin{bmatrix} \cos\left(\frac{kL_0}{1-M^2}\right) & j\sin\left(\frac{kL_0}{1-M^2}\right) \\ j\sin\left(\frac{kL_0}{1-M^2}\right) & \cos\left(\frac{kL_0}{1-M^2}\right) \end{bmatrix} \begin{bmatrix} p_1 \\ \rho_0 c u_1 \end{bmatrix} \tag{3.11}$$

因此，对于单元①的等截面直管道传递矩阵可表示为

$$\boldsymbol{T}_1 = e^{-\frac{jMkL_0}{1-M^2}} \begin{bmatrix} \cos\left(\frac{kL_0}{1-M^2}\right) & j\sin\left(\frac{kL_0}{1-M^2}\right) \\ j\sin\left(\frac{kL_0}{1-M^2}\right) & \cos\left(\frac{kL_0}{1-M^2}\right) \end{bmatrix} \tag{3.12}$$

实际上在管道内流体流动时会与管道内壁面摩擦而产生能量耗散，这对细长管道内的声传播有较大影响，但在实际应用中进行消声器计算时这部分能量耗散较小，可忽略。上述等截面直管道传递矩阵推算过程中未考虑此项。

同理，单元④的传递矩阵为

$$\boldsymbol{T}_4 = e^{-\frac{jMk(L_1-L_5)}{1-M^2}} \begin{bmatrix} \cos\left(\frac{k(L_1-L_5)}{1-M^2}\right) & j\sin\left(\frac{k(L_1-L_5)}{1-M^2}\right) \\ j\sin\left(\frac{k(L_1-L_5)}{1-M^2}\right) & \cos\left(\frac{k(L_1-L_5)}{1-M^2}\right) \end{bmatrix} \tag{3.13}$$

单元⑥的传递矩阵为

$$\boldsymbol{T}_6 = e^{-\frac{jMkL_3}{1-M^2}} \begin{bmatrix} \cos\left(\frac{kL_3}{1-M^2}\right) & j\sin\left(\frac{kL_3}{1-M^2}\right) \\ j\sin\left(\frac{kL_3}{1-M^2}\right) & \cos\left(\frac{kL_3}{1-M^2}\right) \end{bmatrix} \tag{3.14}$$

单元⑧的传递矩阵为

$$\boldsymbol{T}_8 = e^{-\frac{jMkL_4}{1-M^2}} \begin{bmatrix} \cos\left(\frac{kL_4}{1-M^2}\right) & j\sin\left(\frac{kL_4}{1-M^2}\right) \\ j\sin\left(\frac{kL_4}{1-M^2}\right) & \cos\left(\frac{kL_4}{1-M^2}\right) \end{bmatrix} \tag{3.15}$$

2. 内插穿孔管结构单元的传递矩阵

根据文献[3,4,14,15]可知该排气净化消声器内插穿孔管部分管内和腔内的一

维声传播方程为

$$\begin{bmatrix} D^2+\alpha_1 D+\alpha_2 & \alpha_3 D+\alpha_4 \\ \alpha_5 D+\alpha_6 & D^2+\alpha_7 D+\alpha_8 \end{bmatrix}\begin{bmatrix} p_a \\ p_b \end{bmatrix}=\begin{bmatrix} 0 \\ 0 \end{bmatrix} \tag{3.16}$$

式中：$D=\partial/\partial x$；

$$\begin{cases} \alpha_1=\dfrac{-2M}{1-M^2}\left(jk+\dfrac{2}{d_1\zeta}\right) & \alpha_2=\dfrac{1}{1-M^2}\left(k^2-\dfrac{4jk}{d_1\zeta}\right) \\ \alpha_3=\dfrac{1}{1-M^2}\dfrac{4M}{d_1\zeta} & \alpha_4=\dfrac{1}{1-M^2}\dfrac{4jk}{d_1\zeta} \\ \alpha_5=\dfrac{M}{1-M^2}\dfrac{4d_1}{(D^2-d_{1e}^2)\zeta} & \alpha_6=\dfrac{1}{1-M^2}\dfrac{4jkd_1}{(D^2-d_{1e}^2)\zeta} \\ \alpha_7=\dfrac{-2M}{1-M^2}\left[jk+\dfrac{2d_1}{(D^2-d_{1e}^2)\zeta}\right] & \alpha_8=-\dfrac{1}{1-M^2}\left[k^2-\dfrac{4jkd_1}{(D^2-d_{1e}^2)\zeta}\right] \end{cases} \tag{3.17}$$

p_a和p_b分别为穿孔管内声压和腔内声压，Pa；

d_{1e}是穿孔管外径，$d_{1e}=d_1+0.004$，mm；

ζ是穿孔声阻抗率，$\zeta=\dfrac{0.514d_0M/(L_5\phi)+j0.95k(0.002+0.75d_0)}{\phi}$，其中$\phi$是穿孔管的穿孔率，$\phi=\dfrac{Nd_0^2}{4d_1L_5}$。

对方程(3.16)进行解耦处理，得到系数矩阵：

$$\boldsymbol{Q}=\begin{bmatrix} -\alpha_1 & -\alpha_3 & -\alpha_2 & -\alpha_4 \\ -\alpha_5 & -\alpha_7 & -\alpha_6 & -\alpha_8 \\ 1 & 0 & 0 & 0 \\ 0 & 1 & 0 & 0 \end{bmatrix} \tag{3.18}$$

令由系数矩阵$\boldsymbol{Q}$的特征向量所组成的矩阵为$\boldsymbol{\Psi}$，矩阵$\boldsymbol{Q}$的特征值为λ_i，$i=1,2,3,4$，可以得到穿孔管两端的声压和质点振速间关系：

$$\begin{bmatrix} p_1(a) \\ \rho_0 cu_1(a) \\ p_1(b) \\ \rho_0 cu_1(b) \end{bmatrix}=\boldsymbol{R}\begin{bmatrix} p_2(a) \\ \rho_0 cu_2(a) \\ p_2(b) \\ \rho_0 cu_2(b) \end{bmatrix} \tag{3.19}$$

式中：$p_1(a)$为左侧穿孔管内声压，Pa；

$p_1(b)$为对应穿孔管左端面的腔体内声压,Pa;

$u_1(a)$为左侧穿孔管内质点振速,m/s;

$u_1(b)$为对应穿孔管左端面的腔体内质点振速,m/s;

$p_2(a)$为右侧穿孔管内声压,Pa;

$p_2(b)$为对应穿孔管右端面的腔体内声压,Pa;

$u_2(a)$为右侧穿孔管内质点振速,m/s;

$u_2(b)$为对应穿孔管右端面的腔体内质点振速,m/s;

$$\boldsymbol{R}=\begin{bmatrix} \psi_{31} & \psi_{32} & \psi_{33} & \psi_{34} \\ \dfrac{-\psi_{11}}{\mathrm{j}k+M\lambda_1} & \dfrac{-\psi_{12}}{\mathrm{j}k+M\lambda_2} & \dfrac{-\psi_{13}}{\mathrm{j}k+M\lambda_3} & \dfrac{-\psi_{14}}{\mathrm{j}k+M\lambda_4} \\ \psi_{41} & \psi_{42} & \psi_{43} & \psi_{44} \\ \dfrac{-\psi_{21}}{\mathrm{j}k+M\lambda_1} & \dfrac{-\psi_{22}}{\mathrm{j}k+M\lambda_2} & \dfrac{-\psi_{23}}{\mathrm{j}k+M\lambda_3} & \dfrac{-\psi_{24}}{\mathrm{j}k+M\lambda_4} \end{bmatrix} \cdot \begin{bmatrix} \psi_{31}\mathrm{e}^{\lambda_1 L_5} & \psi_{32}\mathrm{e}^{\lambda_2 L_5} & \psi_{33}\mathrm{e}^{\lambda_3 L_5} & \psi_{34}\mathrm{e}^{\lambda_4 L_5} \\ \dfrac{-\psi_{11}\mathrm{e}^{\lambda_1 L_5}}{\mathrm{j}k+M\lambda_1} & \dfrac{-\psi_{12}\mathrm{e}^{\lambda_2 L_5}}{\mathrm{j}k+M\lambda_2} & \dfrac{-\psi_{13}\mathrm{e}^{\lambda_3 L_5}}{\mathrm{j}k+M\lambda_3} & \dfrac{-\psi_{14}\mathrm{e}^{\lambda_4 L_5}}{\mathrm{j}k+M\lambda_4} \\ \psi_{41}\mathrm{e}^{\lambda_1 L_5} & \psi_{42}\mathrm{e}^{\lambda_2 L_5} & \psi_{43}\mathrm{e}^{\lambda_3 L_5} & \psi_{44}\mathrm{e}^{\lambda_4 L_5} \\ \dfrac{-\psi_{21}\mathrm{e}^{\lambda_1 L_5}}{\mathrm{j}k+M\lambda_1} & \dfrac{-\psi_{22}\mathrm{e}^{\lambda_2 L_5}}{\mathrm{j}k+M\lambda_2} & \dfrac{-\psi_{23}\mathrm{e}^{\lambda_3 L_5}}{\mathrm{j}k+M\lambda_3} & \dfrac{-\psi_{24}\mathrm{e}^{\lambda_4 L_5}}{\mathrm{j}k+M\lambda_4} \end{bmatrix}^{-1} \tag{3.20}$$

穿孔管左侧穿孔边界距离腔体左侧边界 3 mm,穿孔管右侧穿孔边界距离其封闭端面 3 mm,因此将穿孔长度视为插入长度 L_5。内插穿孔管左端面腔体壁面为刚性壁面,内插穿孔管端面为刚性壁面,因此有边界条件:

$$\begin{cases} \rho_0 c u_1(b)/p_1(b) = -\mathrm{j}\tan(0.003k) \\ \rho_0 c u_2(a)/p_2(a) = \mathrm{j}\tan(0.003k) \end{cases} \tag{3.21}$$

根据上述公式,可得穿孔管左端面的声压和质点振速与穿孔管右端面腔体内的声压和质点振速间的矩阵关系,从而得到单元②穿孔管结构的传递矩阵,为

$$\boldsymbol{T}_2 = \begin{bmatrix} T_{2\mathrm{A}} & T_{2\mathrm{B}} \\ T_{2\mathrm{C}} & T_{2\mathrm{D}} \end{bmatrix} \tag{3.22}$$

其中

$$\begin{cases} T_{2A}=R_{13}-\dfrac{[R_{11}+R_{12}\mathrm{j}\tan(0.003k)][R_{43}+R_{33}\mathrm{j}\tan(0.003k)]}{R_{41}+[R_{42}+R_{31}+R_{32}\mathrm{j}\tan(0.003k)]\mathrm{j}\tan(0.003k)} \\ T_{2B}=R_{14}-\dfrac{[R_{11}+R_{12}\mathrm{j}\tan(0.003k)][R_{44}+R_{34}\mathrm{j}\tan(0.003k)]}{R_{41}+[R_{42}+R_{31}+R_{32}\mathrm{j}\tan(0.003k)]\mathrm{j}\tan(0.003k)} \\ T_{2C}=R_{23}-\dfrac{[R_{21}+R_{22}\mathrm{j}\tan(0.003k)][R_{43}+R_{33}\mathrm{j}\tan(0.003k)]}{R_{41}+[R_{42}+R_{31}+R_{32}\mathrm{j}\tan(0.003k)]\mathrm{j}\tan(0.003k)} \\ T_{2D}=R_{24}-\dfrac{[R_{21}+R_{22}\mathrm{j}\tan(0.003k)][R_{44}+R_{34}\mathrm{j}\tan(0.003k)]}{R_{41}+[R_{42}+R_{31}+R_{32}\mathrm{j}\tan(0.003k)]\mathrm{j}\tan(0.003k)} \end{cases} \tag{3.23}$$

3. 截面突扩单元与截面突缩单元的传递矩阵[5,6,16,17]

突变截面的降噪原理是声波在传播过程中遇到截面突变处会发生声波向声源方向反射的现象。对于单元③，由于穿孔管右端面封闭，对应于穿孔管段腔体内气流流入第一腔室的后半段，流通截面突然扩张，存在一突扩消声单元。点 2 与点 3 处的声压和质点振速可表示为

$$\begin{bmatrix} p_2 \\ \rho_0 c u_2 \end{bmatrix}=\begin{bmatrix} 1 & 0 \\ 0 & \dfrac{D^2}{D^2-d_{1e}^2} \end{bmatrix}\begin{bmatrix} p_3 \\ \rho_0 c u_3 \end{bmatrix} \tag{3.24}$$

对于单元⑦，点 6 与点 7 处的声压和质点振速可表示为

$$\begin{bmatrix} p_6 \\ \rho_0 c u_6 \end{bmatrix}=\begin{bmatrix} 1 & 0 \\ 0 & \dfrac{d_2^2}{D^2} \end{bmatrix}\begin{bmatrix} p_7 \\ \rho_0 c u_7 \end{bmatrix} \tag{3.25}$$

因此，得到截面突扩单元和截面突缩单元的传递矩阵，为

$$\begin{cases} \boldsymbol{T}_3=\begin{bmatrix} 1 & 0 \\ 0 & \dfrac{D^2}{D^2-d_{1e}^2} \end{bmatrix} \\ \boldsymbol{T}_7=\begin{bmatrix} 1 & 0 \\ 0 & \dfrac{d_2^2}{D^2} \end{bmatrix} \end{cases} \tag{3.26}$$

4. 泡沫陶瓷单元的传递矩阵

泡沫陶瓷安装在排气净化消声器内部，可以大幅改善排气中颗粒净化效果，同时泡沫陶瓷能够起到一定的降噪消声作用。泡沫陶瓷具有由多个微孔通道组成的结构，其内部骨架结构和微孔通道曲折变化，柴油机排气流经泡沫陶

瓷，排气中的碳烟随气流流动至泡沫陶瓷界面及内部时，由于骨架结构和微孔通道的错综无规则排列，排气中的碳烟颗粒被泡沫陶瓷捕集过滤。泡沫陶瓷将整个排气净化消声器腔体分为左侧的第一腔室和右侧的第二腔室。泡沫陶瓷的传递矩阵由三部分组成，分别为泡沫陶瓷进口端的截面突缩部分 T_A、泡沫陶瓷内部 T_B 和泡沫陶瓷出口端的截面突扩单元 T_C。

整个泡沫陶瓷的结构在宏观上被视为是均匀的，即沿轴向方向泡沫陶瓷各横截面处的孔面积与总横截面面积之比均相等，故泡沫陶瓷进口端的截面突缩传递矩阵 $\boldsymbol{T}_A$ 和泡沫陶瓷出口端的截面突扩传递矩阵 $\boldsymbol{T}_C$ 为

$$\begin{cases} \boldsymbol{T}_A = \begin{bmatrix} 1 & 0 \\ 0 & \sigma \end{bmatrix} \\ \boldsymbol{T}_C = \begin{bmatrix} 1 & 0 \\ 0 & \dfrac{1}{\sigma} \end{bmatrix} \end{cases} \tag{3.27}$$

式中：σ 为泡沫陶瓷孔隙率。

泡沫陶瓷内部的微孔通道错综复杂，声波在轴向传播过程中存在明显的径向传播，并且存在吸声现象，导致在声传播过程中难以用解析法直接推导出泡沫陶瓷内部的传递矩阵。根据传递矩阵基本思想及声压与质点振速关系公式，利用有限元数值法计算泡沫陶瓷内的声波方程，得出泡沫陶瓷进出口处的声压，再逆推得到传递矩阵 $\boldsymbol{T}_B$ 各元素。

泡沫陶瓷的内部结构复杂，内部微孔通道尺寸小，如果建立泡沫陶瓷内部的详细结构，在进行有限单元离散时网格质量将难以保证，且网格数量庞大，计算速度缓慢甚至无法计算。由于泡沫陶瓷具有多孔介质特性，因此在泡沫陶瓷有限元声学计算时假设其为多孔介质。首先建立多孔介质物理模型，对模型进行单元离散网格划分，该模型结构简单规则，采用六面体网格，划分网格所得单元的最大线性尺寸不大于最小波长的 1/6[7,8,18,19]，即网格划分长度满足公式(3.28)。此处我们研究频率在 1～3000 Hz 频段内的排气噪声，结合多孔介质模型尺寸、计算机计算效率和计算精度，划分网格的最大线性尺寸选为 2 mm。进行网格划分后的泡沫陶瓷（多孔介质）如图 3.2 所示，划分得到的网格共有 12870 个单元、11676 个节点。对该多孔介质进行具体的有限元声学分析的步

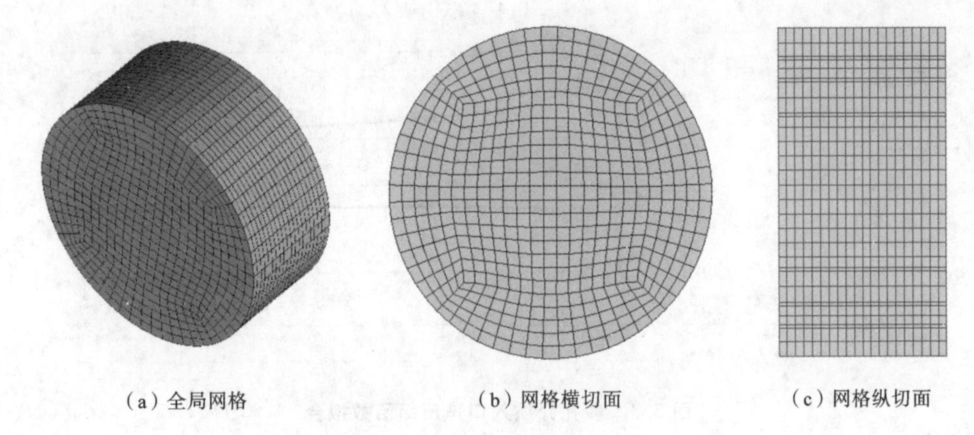

（a）全局网格　（b）网格横切面　（c）网格纵切面

图 3.2　多孔介质网格划分

骤包括：导入网格、有限元前处理生成声学包络网格、定义流体材料和流体属性、定义多孔吸声材料流阻率、定义出入口单元组和出入口边界条件、根据设置进行迭代计算、得到入口和出口处的平均声压级。传递矩阵是消声单元的固有属性，与声源和出入口边界条件无关，为使传递矩阵元素计算简便，入口边界设为单位振速，出口边界定义为全吸声属性。

$$L \leqslant \frac{c}{6 f_{\max}} \tag{3.28}$$

式中：L 为网格尺寸，m；

c 为声速，m/s；

$f_{\max}$ 为噪声频率上限。

将计算得到的入口和出口处声压级数据导出，分别作出口和入口处声压级关于频率的图像，进行出、入口处声压级关于频率的函数拟合。根据声压级与频率的图像，采用幂函数进行拟合，如图 3.3 和图 3.4 所示。

拟合后的出、入口处平均声压级为

$$\begin{cases} P_{\text{in}}\big|_{v=1} = 203.2 f^{-0.0255} \\ P_{\text{out}}\big|_{v=1} = -3.282 f^{0.4482} + 156.9 \end{cases} \tag{3.29}$$

将消声单元的四极子参数用于表征消声单元入口和出口声压级与质点振速关系时，其形式写为

$$\begin{bmatrix} P_{\text{in}} \\ P_{\text{out}} \end{bmatrix} = \begin{bmatrix} A^* & B^* \\ C^* & D^* \end{bmatrix} \begin{bmatrix} u_{\text{in}} \\ u_{\text{out}} \end{bmatrix} \tag{3.30}$$

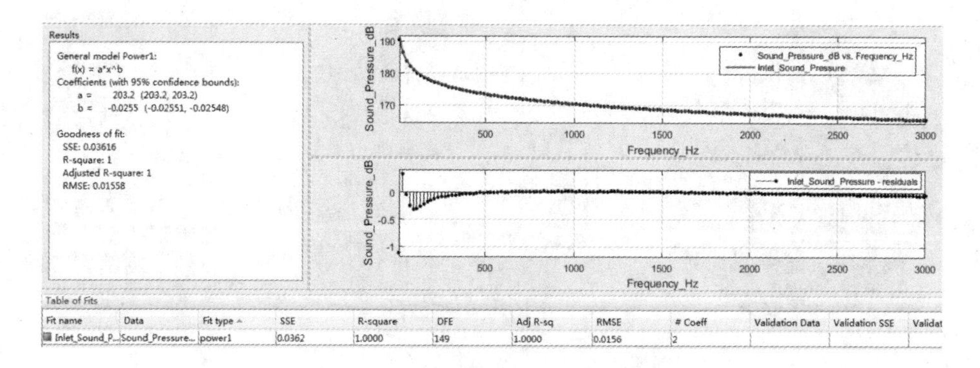

图 3.3　多孔介质入口声压级函数拟合

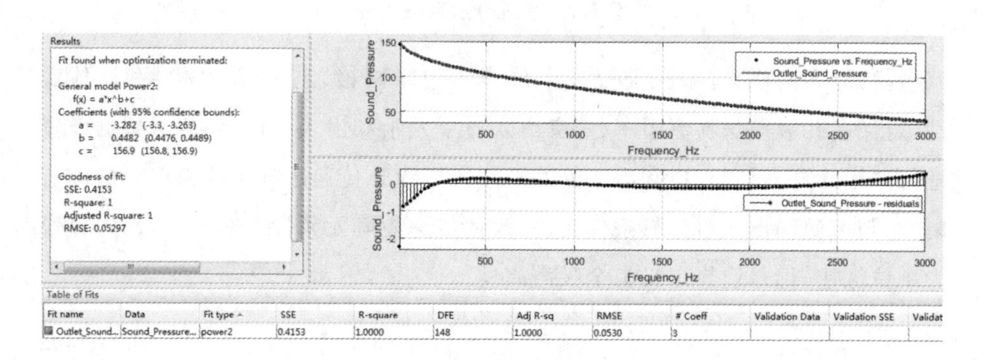

图 3.4　多孔介质出口声压级函数拟合

采用入口单元单位振速和出口单元无振速得到四极子参数中的两个矩阵系数 A^* 和 C^*，采用出口单元单位振速和入口单元无振速得到四极子参数中的两个矩阵系数 B^* 和 D^*。因为这两种边界计算的是同一个消声单元，所以两种边界条件只是速度方向不同，如图 3.5 所示，v_{1_in} 和 v_{2_in} 分别为第一种边界条件和第二种边界条件对应的公式(3.30)中的 u_{in}，v_{1_out} 和 v_{2_out} 分别为第一种边界条件和第二种边界条件对应的公式(3.30)中的 u_{out}。

因此这两种边界条件得到的矩阵参数有

$$\begin{cases} A^* = D^* = P_{in}|_{v=1} \\ B^* = C^* = P_{out}|_{v=1} \end{cases} \tag{3.31}$$

根据传递矩阵法的思想及修正的传递矩阵参数计算方法[9,20]，可得到

$$\boldsymbol{T}_{B} = \begin{bmatrix} A^*/C^* & (B^* - A^* D^*/C^*)/(\rho c) \\ \rho c/C^* & -D^*/C^* \end{bmatrix} \tag{3.32}$$

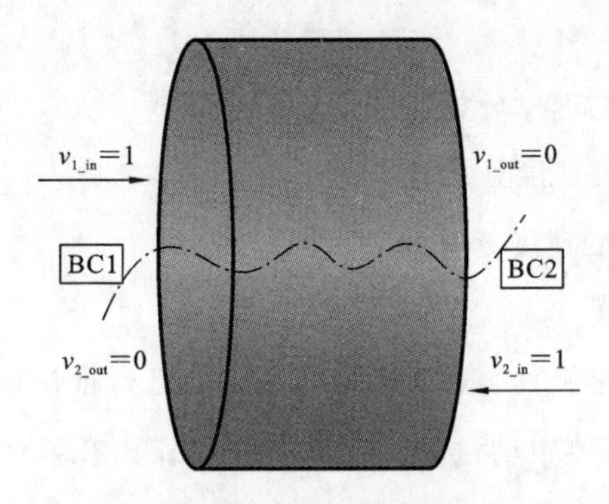

图 3.5　不同边界条件计算示意图

因此,泡沫陶瓷消声单元的传递矩阵为

$$\boldsymbol{T}_5=\boldsymbol{T}_{\mathrm{A}}\boldsymbol{T}_{\mathrm{B}}\boldsymbol{T}_{\mathrm{C}} \tag{3.33}$$

由于消声器整体为串联结构,在串联关系中,整个消声器的总传递矩阵可由各个消声子单元的传递矩阵按照前后顺序相乘得到,即根据声波的传递方向,上一个单元的传递矩阵乘以紧接的后一个单元的传递矩阵即可得到总的传递矩阵。因此消声器总的传递矩阵为

$$\boldsymbol{T}=\boldsymbol{T}_1\boldsymbol{T}_2\boldsymbol{T}_3\boldsymbol{T}_4\boldsymbol{T}_5\boldsymbol{T}_6\boldsymbol{T}_7\boldsymbol{T}_8$$

3.1.3　基本控制方程

一切流体的运动都遵守能量守恒、动量守恒以及质量守恒三大基本定律,根据流体力学可以得知,它们可以分别用能量方程、动量方程和连续性方程进行描述。

1. 质量守恒方程

质量守恒方程又称为连续性方程。质量守恒定律是指在同一时间间隔中流入的质量与流出的质量保持不变[10]。参照这一定律,质量守恒方程为

$$\frac{\partial\rho}{\partial t}+\frac{\partial(\rho u)}{\partial x}+\frac{\partial(\rho v)}{\partial y}+\frac{\partial(\rho w)}{\partial z}=0 \tag{3.34}$$

当流体不可以被压缩时,质量守恒方程可以简化为

$$\frac{\partial u}{\partial x}+\frac{\partial v}{\partial y}+\frac{\partial w}{\partial z}=0 \tag{3.35}$$

式中:ρ 为流体密度,$\mathrm{kg/m^3}$;

t 为时间，s；

u 为 x 方向上的速度分量，m/s；

v 为 y 方向上的速度分量，m/s；

w 为 z 方向上的速度分量，m/s。

2. 动量守恒方程

动量守恒定律是在牛顿第二定律的基础上进行推论而来的，可表述为：单位时间内流体的微元体中动量的变化率与外界作用在该微元体上的各种力之和相等[11]。动量守恒方程在 x、y 和 z 方向可分别表示为

$$\begin{cases} \rho \dfrac{\mathrm{d}u}{\mathrm{d}t} = \rho F_{bx} + \dfrac{\partial p_{xx}}{\partial x} + \dfrac{\partial p_{yx}}{\partial y} + \dfrac{\partial p_{zx}}{\partial z} \\ \rho \dfrac{\mathrm{d}v}{\mathrm{d}t} = \rho F_{by} + \dfrac{\partial p_{xy}}{\partial x} + \dfrac{\partial p_{yy}}{\partial y} + \dfrac{\partial p_{zy}}{\partial z} \\ \rho \dfrac{\mathrm{d}w}{\mathrm{d}t} = \rho F_{bz} + \dfrac{\partial p_{xz}}{\partial x} + \dfrac{\partial p_{yz}}{\partial y} + \dfrac{\partial p_{zz}}{\partial z} \end{cases} \tag{3.36}$$

式中：F_{bx}、F_{by} 和 F_{bz} 分别为单位质量的流体重力在 x、y 和 z 方向上的分量；

p_{xx}、p_{yy} 和 p_{zz} 分别为流体内应力张量在 x、y 和 z 方向上的分量。

对于常密度常黏性流体，动量守恒方程为

$$\partial \frac{\mathrm{d}v}{\mathrm{d}t} = \rho F - \mathbf{grad} p + u \nabla^2 v \tag{3.37}$$

3. 能量守恒方程

能量守恒定律(energy conservation law)又称作热力学第一定律，可简述为：在封闭的微元体中能量的增加率与进入微元体的净热流量加上体力与面力对微元体所做的总功相等。能量守恒定律实质上是热力学第一定律[12]。

设温度 T 为自变量，则能量守恒方程可以表达为

$$\frac{\partial(\rho T)}{\partial t} + \mathrm{div}(\rho U T) = \mathrm{div}\left(\frac{k}{c_p} \mathbf{grad} T\right) + S_T \tag{3.38}$$

展开得

$$\frac{\partial(\rho T)}{\partial t} + \frac{\partial(\rho u T)}{\partial x} + \frac{\partial(\rho v T)}{\partial y} + \frac{\partial(\rho w T)}{\partial z} = \frac{\partial}{\partial x}\left(\frac{k}{c_p}\frac{\partial T}{\partial x}\right) + \frac{\partial}{\partial y}\left(\frac{k}{c_p}\frac{\partial T}{\partial y}\right) + \frac{\partial}{\partial z}\left(\frac{k}{c_p}\frac{\partial T}{\partial z}\right) + S_T \tag{3.39}$$

式中：c_p 为比热容，J/(kg·K)；

T 为温度，K；

k 为流体的传热系数，W/(m^2·K)；

S_T 为黏性耗散项，由流体黏性作用产生的机械能和流体内热源转化为热能的部分组成。

4. 状态方程

理想气体的状态方程为

$$p=\rho RT \tag{3.40}$$

式中：ρ 为气体密度，kg/m^3；

R 为气体常数；

T 为热力学温度，K。

3.1.4 湍流模型

湍流是流体运动时，相邻流层之间因运动速度不同而出现相互混合作用并伴有能量交换的一种无序的、不规则的流动状态。湍流经常出现在自然环境中，也被广泛地应用于工程实践中。因为湍流运动在物理上有着无数多尺度的旋涡流动，在数学上的线性关系也不明显，所以湍流问题研究十分复杂，无论是理论验证还是数值模拟都很难解决。

对于湍流的计算，数值计算软件 Fluent 提供了以下几种湍流模型：

(1) 大涡模拟模型(LES)；

(2) k-ε 模型；

(3) 雷诺应力模型(RSM)；

(4) k-ω 模型；

(5) Spalart-Allmaras 模型。

在对湍流进行仿真计算时，应根据流体的具体流动情况来选择合适的、符合实际情况的湍流模型。在上面的湍流模型中，标准 k-ε 模型只是一个半经验公式，但是在工程中应用最广。标准 k-ε 模型中 k 表示湍动能，ε 表示湍动耗散率。对应的输运方程为

$$\rho\frac{\mathrm{d}k}{\mathrm{d}t}=\frac{\partial}{\partial x_i}\left[\left(\mu+\frac{\mu_t}{\sigma_k}\right)\frac{\partial k}{\partial x_i}\right]+G_k+G_b-\rho\varepsilon-Y_M \tag{3.41}$$

$$\rho\frac{\mathrm{d}\varepsilon}{\mathrm{d}t}=\frac{\partial}{\partial x_i}\left[\left(\mu+\frac{\mu_t}{\sigma_\varepsilon}\right)\frac{\partial \varepsilon}{\partial x_i}\right]+C_{1\varepsilon}\frac{\varepsilon}{k}(G_k+C_{3\varepsilon}G_b)-C_{2\varepsilon}\rho\frac{\varepsilon^2}{k} \tag{3.42}$$

式中：G_k 表示由速度因素引起的湍动能；

G_b 表示由浮力因素引起的湍动能；

Y_M 表示湍流脉动因素对耗散率的影响；

μ_t 表示黏性系数；

k 表示湍动能；

ε 表示耗散率；

$C_{1\varepsilon}$、$C_{2\varepsilon}$、$C_{3\varepsilon}$ 通常分别取值为 1.44、1.92、0.09。

Fluent 软件对边界条件中湍流强度的计算公式为

$$\begin{cases}I=0.16Re^{-1/8}\\ Re=\dfrac{vd\rho}{\mu}\end{cases} \tag{3.43}$$

式中：I 为湍流强度；

v 为速度，m/s；

d 为空气入口直径，mm；

ρ 为介质密度，取 1.185 $\mathrm{kg/m^3}$；

μ 为空气动力黏性系数，常温时为 17.9×10^{-6} Pa·s。

3.1.5 有限体积法

有限体积法又称为有限容积法。该方法是将所要求解区域划分为有限个不重复的控制体，同时让每个网格点周围都有一个控制体，再将待解的微分方程对每个控制体积分，从而得出一组离散方程[13]。

假设 Ω 是一有限体积，而 S 为 Ω 的边界，根据上面的描述，Ω 上的守恒可简述为

$$\int_\Omega\frac{\partial}{\partial t}(\rho\varphi)\mathrm{d}V=\int_S(\rho\boldsymbol{v}\varphi)\cdot\boldsymbol{n}\mathrm{d}S+\int_\Omega\Gamma\mathrm{d}V \tag{3.44}$$

式中：$\boldsymbol{v}$ 为速度矢量；

$\boldsymbol{n}$ 为方向余弦向量；

Γ 为与源和扩散相关的量；

φ 为表示标量或者矢量等不同的物理量。

运用上述方法可以将非线性的偏微分方程转化为控制体单元上的代数方程组，通过求解代数方程组，可以得出流场的解。

3.2　声学特性基本理论

3.2.1　声学基本概念

1. 声音及种类

声音是由物体或物质的振动而引起的一种压力波，这种压力波传入人耳的神经末梢而被人所感知。普通人正常情况下能听到的声音频率范围为 20～20000 Hz。通常将频率小于 20 Hz 的声音定义为次声波，而把频率超过 20000 Hz 的声音定义为超声波。这两种声波在一般情况下均不能被普通人所听到。

2. 声波

声波由声源的振动引起，是声音的传播形式。声波的传播速度与介质的类型有关，在不同种类的介质中传播速度不同。声波在一个振动周期内所传播的路程称作波长，声波的波长与频率成反比关系，可以通过下述的公式表达：

$$\lambda=c/f \tag{3.45}$$

式中：λ 为波长；

c 为声速；

f 为频率。

3. 声压和声压级

声压 p 是指当大气压受到空气中的声波扰动后发生的变化，可以表示为产生变化后的声压 P 与静止的声压(参考声压)P_0 的差值，即 $p=P-P_0$。声压级 L_p 定义为产生变化后的声压 P 与参考声压 P_0 的比值的对数，表示为

$$L_p=20\lg\frac{P}{P_0} \tag{3.46}$$

4. 声强和声强级

声强 I 指声波在单位时间内所具有的平均能量密度的大小，可以用 $I=p^2/(\rho c)$ 来表示，式中 ρ 是介质的密度。声强级 L_I 定义为声强 I 与参考声强 I_0 的比值的对数，表示为

$$L_I=10\lg\frac{I}{I_0} \tag{3.47}$$

5. 声功率和声功率级

声功率 W 是指声源在单位时间内向外界所辐射出的声量。同样，声功率级 L_W 定义为声功率 W 与参考声功率 W_0 的比值的对数，表示为

$$L_W=10\lg\frac{W}{W_0} \tag{3.48}$$

6. 声阻抗

声阻抗 Z_a 可以通过公式 $Z_a=p/u$ 来表示，式中 p 是某表面上介质的平均有效声压，u 是声波通过此表面有效体积的速度。声阻抗由声阻和声抗两部分组成。声阻抗率 Z_s 可以通过 $Z_s=p/v$ 来表示，式中 p 是某一点上介质的有效声压，v 是该点的有效速度。在常温和标准大气压下，空气的特性阻抗为 416.5 Pa・s/m。

可用如下公式表示声压级、声强级和声功率级之间的关系：

$$\begin{cases} L_I=L_p+10\lg\dfrac{\rho'_0c'_0}{\rho_0c_0} \\ L_W=L_I+10\lg S \\ L_W=L_p+10\lg S+10\lg\dfrac{\rho'_0c'_0}{\rho_0c_0} \end{cases} \tag{3.49}$$

式中：$\rho'_0c'_0$ 为参考状态下的空气特性阻抗，通常取为 400 Pa・s/m。

一般计算过程中 ρ_0c_0 接近 $\rho'_0c'_0$，因此 $L_I\approx L_p$。

3.2.2 声学基本方程

任何形式的声学方程都必须满足流体的连续性方程、运动方程和物态方程。对流体方程进行线性分析和假设可以得到不同形式的声学方程。从流体欧拉方程推导出的经典声学波动方程如下：

$$\begin{cases}\rho\left(\dfrac{\partial v}{\partial t}+v\cdot\nabla v\right)=-\nabla p+f\ \text{（连续性方程）}\\ \begin{cases}\dfrac{\partial s}{\partial t}+v\cdot\nabla s=0\\ \qquad\qquad\text{（物态方程）}\\ c^2=\left(\dfrac{\partial p}{\partial\rho}\right)_s\end{cases}\\ \dfrac{\partial\rho}{\partial t}+v\cdot\nabla\rho+v\cdot\nabla v=\rho q\ \text{（运动方程）}\end{cases}\tag{3.50}$$

式中：ρ,v,p,s 分别表示流体的密度、速度、压力和熵；

f,q 分别表示外部作用于流体的力和质量源。

对于定常流体方程，可转化为以下形式：

$$\begin{cases}\rho_0 v_0\cdot\nabla v_0=-p_0\\ \nabla\cdot\rho_0 v_0=0\\ v_0\cdot\nabla s_0=0\\ v_0\cdot\nabla p_0=c_0^2 v_0\cdot\nabla\rho_0\end{cases}\tag{3.51}$$

给定一个初始条件并继续对其进行方程组线性化，可以得到运动介质的声学基本方程。该方程是非线性的，方程计算的结果与线性空气动力学的基本方程是一致的。在各种简化条件下，声学基本方程被广泛用于解决各种声学问题，公式如下：

$$\begin{cases}\rho_0\left(\dfrac{\partial v}{\partial t}+v_0\cdot\nabla v+v\cdot\nabla v_0\right)+\rho' v_0\cdot\nabla v_0=-\nabla p'+f\\ \dfrac{\partial\rho'}{\partial t}+\nabla\cdot(\rho v+\rho' v_0)=\rho_0 q\\ \dfrac{\partial s'}{\partial t}+v_0\cdot\nabla s'+v\cdot\nabla s_0=0\\ c_0\left(\dfrac{\partial\rho'}{\partial t}+v_0\cdot\nabla\rho'+v\cdot\nabla\rho_0\right)+(c^2)' v_0\cdot\nabla\rho_0=\dfrac{\partial\rho'}{\partial t}+v_0\cdot\nabla p'+v\cdot\nabla p_0\end{cases}\tag{3.52}$$

式中：ρ_0,v_0,p_0,s_0 分别表示定常流体的密度、速度、压力、熵；

f,q 分别表示外部作用于流体的力和质量源。

3.2.3　声波控制方程

3.2.3.1　理想气体中的声波控制方程

声场的特性可利用介质中的质点振速、声压值和密度变化量来表达。在声波的传播过程中，声压值的大小会随着位置的变化而有一个分布，不同位置的声压值也会随着时间的改变而发生变化。声压随空间位置的变动与随时间的变动之间的关系用数学式表达就是声波方程[16]。

相对环境状态的变化，声波扰动可以看作小幅扰动。在不考虑声波扰动的流体介质中，速度(U_0)、密度(ρ_0)和压力(P_0)可用来表示环境的状态。在有声扰动时，根据流体动力学方程状态变量可表示为

$$\tilde{p}=P_0+p \tag{3.53}$$

$$\tilde{u}=U_0+u \tag{3.54}$$

$$\tilde{\rho}=\rho_0+\rho \tag{3.55}$$

式中：p、u、ρ 分别为声压、质点振速和密度的变化量。声波传播过程中的介质是由环境状态决定的，在各向同性的介质中，介质的性能与位置无关。

这里假定消声器内部流域内的气体是各向同性的静态介质，基于此对声传播现象进行分析。

假定介质各向同性，则 $\tilde{p}$、$\tilde{u}$、$\tilde{\rho}$ 符合连续性方程及动量方程：

$$\frac{\partial\tilde{\rho}}{\partial t}+\nabla(\tilde{\rho}\tilde{u})=0 \tag{3.56}$$

$$\tilde{\rho}\,\frac{\mathrm{d}\tilde{u}}{\mathrm{d}t}+\nabla\,\tilde{p}=0 \tag{3.57}$$

当介质为静态介质时，$U_0=0$，可忽略二阶以上的声学小量，得到线性声学方程：

$$\frac{\partial\rho}{\partial t}+\rho_0\,\nabla\,u=0 \tag{3.58}$$

$$\rho_0\,\frac{\partial u}{\partial t}+\nabla\,p=0 \tag{3.59}$$

由于理想气体声扰动的过程是绝热的，其状态变量满足等熵方程，即

$$\frac{P_0+p}{P_0}=\left(\frac{\rho_0+\rho}{\rho_0}\right)^{\gamma} \tag{3.60}$$

在忽略二阶以上声学小量的基础上，按照泰勒级数将上式展开，可得

$$\frac{p}{P_0}=\gamma\,\frac{\rho}{\rho_0} \tag{3.61}$$

代入理想气体状态方程 $P_0=R\rho_0 T$ 可得线性化声学方程：

$$\frac{p}{P_0}=c^2 \tag{3.62}$$

其中

$$c=\sqrt{\frac{\gamma\rho}{\rho_0}} \tag{3.63}$$

把式(3.62)代入式(3.58)中,对时间微分,再对式(3.59)取散度相减可得

$$\nabla^2 p-\frac{1}{c^2}\frac{\partial^2 p}{\partial t^2}=0 \tag{3.64}$$

该式即为声波方程。

3.2.3.2 均质吸声材料的声波控制方程

由于不同吸声材料的结构因子会产生不同的吸声效果,因此在分析吸声材料对消声器声学性能的影响时需要考虑结构因子和材料可压缩性偏差影响[17]。理想的声波控制方程并不符合消声器内部吸声材料的实际情况,为更精准地分析消声器内部声波的规律,需要对理想的声波控制方程中的守恒方程进行修正。

考虑流阻率、孔隙率的影响,无约束流体的动量方程为

$$\frac{\partial p}{\partial x}=-(s\rho_0/h)\frac{\partial u}{\partial t}-\sigma u \tag{3.65}$$

式中:材料孔隙率 h 定义为质点的平均加速度与体积加速度相比$\partial u/\partial t$ 的放大因子。修正后的平面声波方程为

$$\frac{\partial^2 p}{\partial x^2}-(s\rho_0/k)\frac{\partial^2 p}{\partial t^2}-(\sigma h/k)\frac{\partial p}{\partial t}=0 \tag{3.66}$$

关于均质吸声材料中的三维声波,使用与平面声波相似的推导过程可得到以下控制方程:

$$\nabla^2 p-(s\rho_0/k)\frac{\partial^2 p}{\partial t^2}-(\sigma h/k)\frac{\partial p}{\partial t}=0 \tag{3.67}$$

在声波为简谐波的情况下,可得修正的亥姆霍兹方程:

$$\nabla^2 p+\tilde{k}^2 p=0 \tag{3.68}$$

质点振速和声压之间可以通过线性化的动量方程建立以下关系:

$$u=\mathrm{j}\,\frac{\nabla p}{\tilde{\rho}\omega} \tag{3.69}$$

3.3 多孔介质理论

3.3.1 渗透能力

多孔介质材料的渗透能力指流体透过材料的能力，一般用渗透率表示。本章采用泡沫陶瓷材料作为多孔介质材料，其内流体流动特性的渗透率和惯性系数参照经验公式进行计算[17,18]：

$$\begin{cases} \dfrac{1}{a}=\dfrac{150}{d_{\mathrm{m}}^{2}}\dfrac{(1-\varepsilon)^{2}}{\varepsilon^{3}} \\ C_{2}=\dfrac{3.5(1-\varepsilon)}{d_{\mathrm{m}}\varepsilon^{3}} \end{cases} \tag{3.70}$$

式中：$1/a$ 为黏性阻力系数；

C_2 为惯性阻力系数；

d_{m} 为多孔介质的骨架颗粒直径；

ε 为多孔介质的孔隙率。

3.3.2 吸声属性

多孔介质材料存在大量错综复杂的微孔，可与周围的传声介质的声特性阻抗匹配，吸收入射声能。其吸声性能受材料的厚度、孔隙率等因素的影响，实际计算流阻率时可采用以下公式[19]：

$$\begin{cases} \dfrac{Z_{\mathrm{b}}}{Z_{0}}=1.0+0.0954\left(\dfrac{\rho_{0}f}{\sigma}\right)^{-0.754} \\ \dfrac{K_{\mathrm{b}}}{K_{0}}=1.0+0.160\left(\dfrac{\rho_{0}f}{\sigma}\right)^{-0.577}-0.189\mathrm{j}\left(\dfrac{\rho_{0}f}{\sigma}\right)^{-0.595} \end{cases} \tag{3.71}$$

式中：Z_{b} 和 K_{b} 分别为多孔吸声材料的复阻抗和复波数；

f 为声波频率，Hz；

ρ_0 为空气密度，$\mathrm{kg/m^3}$；

σ 为流阻率；

Z_0 和 K_0 分别为空气的特性阻抗和波数。

3.3.3　多孔吸声材料的作用原理

多孔吸声材料内部具有很多孔隙，消声器内部的气体很容易通过这些孔隙。声波在经过吸声材料时可通过两种方式衰减：其一，当声波通过吸声材料孔隙时周围的空气会产生小幅度振动，内部的空气与孔隙间的相对运动会产生摩擦，产生摩擦的过程会使部分声能转化成热能而耗散，从而降低排气噪声，产生吸声效果；其二，材料的孔隙内壁会与空气发生热交换，热交换的过程会消耗掉部分声能，尤其是在高频范围内，空气中质点振速的增加会加快空气与消声器内壁间的热交换。这很好地解释了为什么多孔吸声材料能有效地提高消声器的吸声性能。多孔吸声材料的吸声过程如图 3.6 所示。

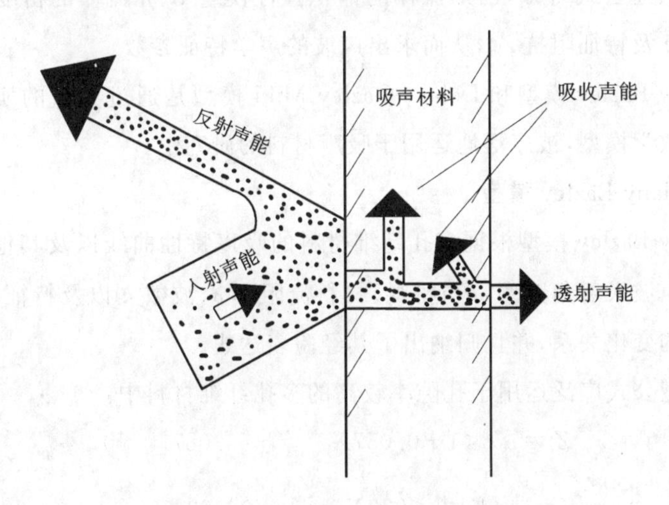

图 3.6　多孔吸声材料的吸声过程

材料吸收的声能与入射到材料表面的总声能之比定义为吸声系数[20]，材料的吸声系数可用来衡量吸声性能的高低。

3.3.4　多孔吸声材料的声学理论模型

声源的振动所引起的声玻是依靠质点间的相互作用进行传播的，声波的传播过程满足惠更斯原理。一般地，消声器的入射波为平面波且沿着 x 方向传播，质点振速和声压的关系可以表述为

$$v_x(t,x)=\frac{1}{Z_c}p(t,x) \tag{3.72}$$

式中：Z_c为流体介质的特征阻抗，Pa·s/m³。

波数 k 的计算公式为

$$k=\omega\sqrt{\frac{\rho}{K}} \tag{3.73}$$

式中：ω 为声波入射角频率；

K 是流体体积弹性模量，Pa；

ρ 是流体密度，kg/m³。

特征阻抗 Z_c 的计算公式为

$$Z_c=\sqrt{\rho K} \tag{3.74}$$

根据上述公式可知，已知流体的体积弹性模量 K 和流体的密度 ρ，就可计算出波数 k 及特征阻抗 Z_c，从而求出声波的声学特征参数。

Delany-Bazley 模型和 Delany-Bazley-Miki 模型是通过大量的实验数据总结得出的数学模型，被广泛地运用于吸声材料的研究中。

1. Delany-Bazley 模型

Delany-Bazley 模型根据多孔纤维材料的吸声特性曲线以及其他声学参数总结出了声波入射角频率 ω 与材料、材料流阻率 σ、波数 k 以及特征阻抗 Z_c 等参数之间的变化关系，并且归纳出了其经验表达式。

该模型公式广泛运用于孔隙率较高的多孔纤维材料中：

$$Z_c=\rho_0 c_0(1+0.057X^{-0.754}-\mathrm{j}0.087^{-0.732}) \tag{3.75}$$

$$K=\frac{\omega}{c_0}(1+0.0978X^{-0.700}-\mathrm{j}0.189X^{-0.595}) \tag{3.76}$$

式中：ρ_0 为空气密度，kg/m³；

c_0为空气中的声速，m/s；

X 为无量纲参数。

2. Delany-Bazley-Miki 模型

Delany-Bazley 模型在低频段计算材料的阻抗时实部会出现负数，不符合数学逻辑，因此加入了修正公式。新的模型公式修复了阻抗出现负数的缺点，同时可计算的频率范围也更大，修正后的模型公式为

$$Z_c=\rho_0 c_0\left[1+5.501\left(\frac{f}{\sigma}\right)^{-0.618}-\mathrm{j}8.431\left(\frac{f}{\sigma}\right)^{-0.612}\right] \tag{3.77}$$

$$K=\frac{\omega}{c_0}\left[1+7.811\left(\frac{f}{\sigma}\right)^{-0.618}-\mathrm{j}11.41\left(\frac{f}{\sigma}\right)^{-0.618}\right] \tag{3.78}$$

式中：ρ_0 为空气密度，$\mathrm{kg/m^3}$；

c_0 为空气中的声速，m/s；

σ 为流阻率，$\mathrm{Pa\cdot s/m^2}$；

ω 为声波的角频率，rad/s；

f 为声波频率，Hz。

3. Johnson-Champoux-Allard 模型

声波在多孔吸声材料内的传播过程较为复杂，Biot 在综合考量惯性和黏性的影响后提出弹性材料的声学模型，JCA（Johnson-Champoux-Allard）模型在此基础上得到快速发展。

在 JCA 模型中多孔吸声材料的孔隙被看作圆柱形，能够较精确地反映刚性骨架的声吸收特性，因此 JCA 模型在声学中得到了广泛运用。许多研究表明，圆管理论能使问题得到简化，采用工程方法研究吸声材料的吸声性能与圆管理论具有一致性。在实际的声学运用中，多孔材料的孔隙不是完全均匀同向分布的，所以需要考虑修正问题，提出的新的模型表达式为

$$\rho=\alpha_\infty\rho_0\left(1+\frac{\sigma\phi}{\mathrm{j}\alpha_\infty\rho_0\omega}\sqrt{1+\frac{4\mathrm{j}\alpha_\infty^2\rho_0\omega\eta}{\sigma^2\phi^2\Lambda^2}}\right) \tag{3.79}$$

$$K=\gamma P_0\left(\gamma-\frac{\gamma-1}{1+\dfrac{\sigma\phi}{\mathrm{j}B^2\omega\rho_0\alpha_\infty}\sqrt{1+\dfrac{4\mathrm{j}\alpha_\infty^2\eta\rho_0\omega B^2}{\sigma^2\Lambda^2\phi^2}}}\right) \tag{3.80}$$

式中：ρ 为空气的等效密度，$\mathrm{kg/m^3}$；

K 为材料的体积弹性模量，Pa；

ρ_0 为空气的密度，$\mathrm{kg/m^3}$；

σ 为流阻率，$\mathrm{Pa\cdot s/m^2}$；

ω 为入射波的角频率，rad/s；

ϕ 为多孔吸声材料的孔隙率；

α_∞ 为多孔吸声材料的结构形状因子；

Λ 为黏性特征长度，m；

η 为流体切变黏度，$\mathrm{Pa\cdot s}$；

γ 为空气比热容，J/(kg·℃)；

B 为普朗克常数。

3.4 本章小结

本章主要介绍了消声器流场和声场的基本理论，从流体力学理论基础、声学特性基本理论、多孔介质理论三个方面展开。流体力学理论基础涉及流体力学基本概念、一维平面波声学概念、基本控制方程、湍流模型以及有限体积法；声学特性基本理论涉及声学基本概念、声学基本方程、声波控制方程的推导过程以及在不同的假设下的不同方程形式。本章详细介绍了流场及声学分析所需调用的基本控制方程，这些理论依据是仿真模拟的基础和求解计算的关键，还介绍了多孔介质计算公式，包括渗透能力、吸声属性、多孔吸声材料的作用原理及其声学理论模型。本章框架如图 3.7 所示。

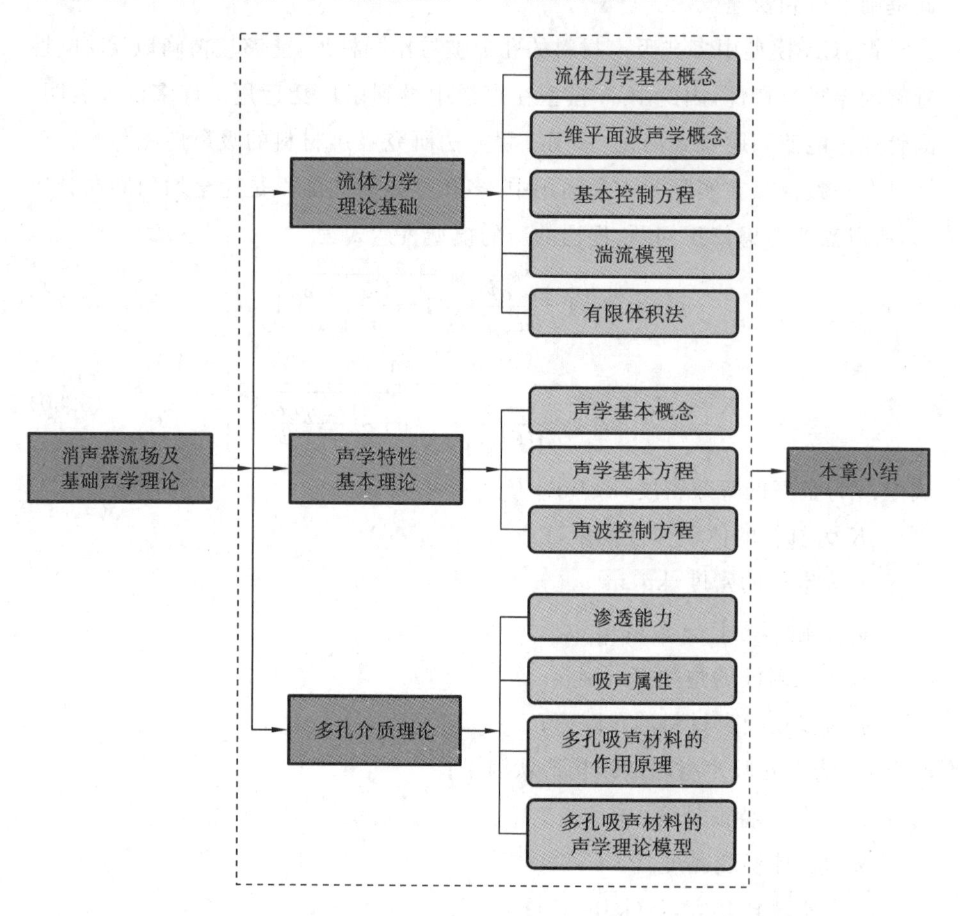

图 3.7 本章框架

本章参考文献

[1] 曹倩倩. 排气消声器多场性能分析研究[D]. 南京:南京航空航天大学,2015.

[2] 邓帮林,基于 CFD 的 495QME 汽油机进气系统改进设计[D]. 长沙:湖南大学,2006.

[3] 毕嵘. 汽车进排气消声器性能的数值仿真研究[D]. 合肥:合肥工业大学,2007.

[4] 楚磊. 汽车抗性排气消声器的压力损失仿真研究[D]. 广州:华南理工大学,2012.

[5] 陈伟. 柴油机排气净化消声装置流场与声学特性研究[D]. 邵阳:邵阳学院,2015.

[6] 韦武. 排气消声器的数值仿真分析[D]. 大连:大连理工大学,2013.

[7] 江帆,黄鹏. Fluent 高级应用与实例分析[M]. 北京:清华大学出版社,2008.

[8] 黄一桃. 汽车排气消声器性能分析及优化[D]. 重庆:重庆理工大学,2013.

[9] 袁翔. 抗性穿孔管消声器数值仿真研究[D]. 合肥:合肥工业大学,2009.

[10] 于勇. Fluent 入门与进阶教程[M]. 北京:北京理工大学出版社,2008.

[11] 张磊. 穿孔管消声器消声性能的数值模拟[D]. 济南:山东大学,2012.

[12] 张凯,王瑞金,王刚. Fluent 技术基础与应用实例[M]. 北京:清华大学出版社,2010.

[13] Hu Y,Galland M A. Acoustic transmission performance of double-wall active sound packages in a tube: numerical/experimental validations[J]. Applied Acoustics,2012,73(4): 323-337.

[14] 詹福良,徐俊伟. Virtual. Lab Acoustics 声学仿真计算从入门到精通[M]. 西安:西北工业大学出版社,2013.

[15] 程春,李舜酩,贾骁,等. 传递矩阵法的排气消声器声学性能分析[J]. 噪声与振动控制,2013,33(4):126-130.

[16] 崔晓兵,季振林. 阻性消声器声学性能预测的快速多极子边界元法[J]. 哈

尔滨工程大学学报,2011,32(4):428-433.

[17] 田冬莲,苏清祖.净化消声器性能研究[J].农业工程学报,1998,14(2):114-118.

[18] 方建华.基于CFD的工程机械抗性消声器设计与性能分析[D].济南:山东大学,2009.

[19] Yasuda T, Wu C, Nakagawa N,et al. Predictions and experimental studies of the tail pipe noise of an automotive muffler using a one dimensional CFD model[J]. Applied Acoustics, 2010,71(8):701-707.

[20] 钟东阶,孙士法,张光德.汽车尾气净化消声器的开发研究[J].武汉科技大学学报(自然科学版),2000,23(2):156-159.

[21] 曹佳斌. 以石灰岩为粗集料的排水沥青路面结构性及功能性研究[D].重庆:重庆交通大学,2017.

第4章 净化消声器设计理论及特点

4.1 净化消声器设计理论

本章基于186FA农用小型柴油机排气消声器进行新型净化消声装置设计，采用数值分析和有限元仿真的方法可以缩短设计周期和节约成本。因此首先需要充分掌握基本设计理论，并对排气消声器的结构进行深入分析，提出合适的方案。由于净化消声装置处在高温和高压的环境中，因此不仅要保证所设计的净化消声装置具有良好的空气动力学性能和声学性能，同时还应保证其具备可靠的力学性能和良好的净化效果。

理论设计时，空气动力学性能体现在以下几个方面：

(1) 压力损失不得过大；

(2) 排气阻力小，功率损耗和耗油量不宜过大；

(3) 避免气流再生噪声的产生；

(4) 减少内部气流聚集，减小湍流区域及强度。

声学性能体现在以下几个方面：

(1) 尽可能降低整体排气噪声；

(2) 增大消声频带，并对特定频段噪声进行消除。

其他性能主要体现在以下几个方面：

(1) 能耐高温、抗腐蚀、抗高速冲击；

(2) 机械强度高，使用寿命长；

(3) 基本结构简单，易于加工，设计成本低；

(4) 整体外形美观，占用体积小，质量轻巧；

(5) 易于安装和布置,方便维护和保养[1]。

由于消声器正向设计很难从一开始就兼顾所有的设计目标与性能要求,因此通常以最为重要的声学性能为主要设计目标,并在设计过程中对空气动力学性能、尺寸边界、体积约束等进行验证和改进,以获得各项性能良好的消声器设计方案。消声器的声学性能主要取决于发动机的排气噪声(直管噪声)频谱和尾管噪声总声压级;空气动力学性能则主要取决于排气流速、排气温度和排气背压要求;而约束条件主要包括消声器的外形轮廓、空间尺寸和体积限制。同时考虑到发动机同步开发时存在的排气噪声数据缺失问题,还需要额外获取与消声器匹配的发动机参数信息,以便于通过仿真手段或选取近似发动机数据的方法获得发动机的排气噪声。实际验证阶段需重点考虑的技术参数有:排气背压、排气噪声、插入损失比。本次设计需确保加装净化消声装置后柴油机的功率损失不超过5%,插入损失大于10 dB(A)[2]。

4.2 净化消声器设计的特点及结构参数设计

4.2.1 消声器设计的特点

柴油机排气消声器设计具有以下特点:

(1) 排气消声器的设计目标复杂,通常要考虑其消声性能、空气动力学性能和经济性等,且部分设计目标之间互相矛盾;

(2) 外部约束条件比较多,如结构尺寸、体积和质量限制等;

(3) 不同的消声器设计方案差异巨大,因为消声器内部结构多种多样,设计人员并不能穷举所有设计方案;

(4) 最终设计方案也并不单一,在达到设计目标的前提下,存在多个不同的设计结果;

(5) 单一领域的设计理论并不能直接指导排气消声器的设计,通常消声器的设计需要结合多个领域的知识;

(6) 设计案例来源广泛,消声器的加工精度要求不高,易于在市面上购买各类消声器,且大多内外部结构形状特征明显,容易通过测绘建立案例库。

4.2.2　柴油机噪声频谱分析

在进行净化消声装置设计时，消声器的结构形式选取及各项参数确定，都需要依托于发动机的参数以及消声器需达到的各项指标，也可以参考原消声器进行设定。消声器理论设计阶段确定总容积、腔数、长径比、扩张比、各个腔长、内插管大小及插入长度等参数是设计的重中之重，必须合理选择。所选用的186FA系列农用小型柴油机的排气噪声频谱如图4.1所示，其主要参数见表4.1。

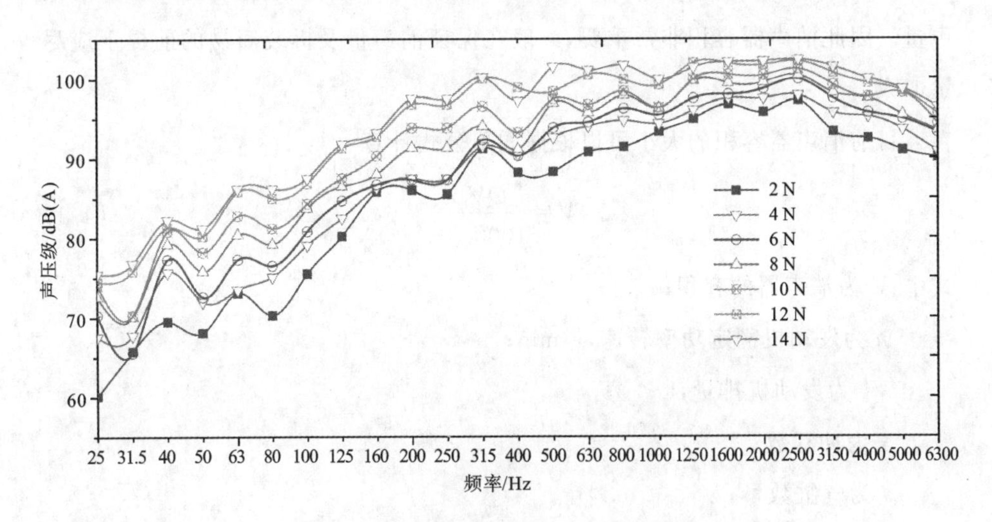

图4.1　柴油机排气噪声1/3倍频谱图

表4.1　柴油机主要参数

发动机(单缸、四冲程、风冷)主要参数	取　值
缸径×行程/(mm×mm)	75×80
发动机排量/L	0.339
标定功率/kW	4.41
额定转速/(r/min)	2600
质量/kg	48

4.2.3 结构参数设计

1. 容积大小

消声器的容积大小对消声性能有很大的影响。容积增大，阻力损失会减小，消声量变大，同时对气流的缓冲作用较好。但消声器的容积并不是越大越好，容积达到一定限度后，消声效果反而会变差，同时过大的容积会导致安装不便和不易拆装与保养。而容积设计得过小，往往会引起柴油机功率损失过大和油耗增多，不利于发动机的经济性和动力性，消声效果差，难以达到所要求的消声量。因此消声器容积非常重要，一般在保证消声量及拆装简易的前提下应尽量取大。

目前消声器容积的大小可以根据如下公式计算[2,3]：

$$V=\frac{QV_{\mathrm{h}}n}{1000\sqrt{\tau i}} \tag{4.1}$$

式中：V 为消声器的容积；

n 为发动机额定功率转速，r/min；

V_{h} 为发动机排量，L；

τ 为冲程数；

i 为气缸数量；

Q 为常数参数，具体可参见表 4.2。

表 4.2 各类消声器的参数

消声器类型	消声量/dB(A)	经验常数 Q	消声器腔数 n
A 类消声器	≥10	2～3	2 或 3
B 类消声器	≥15	4	3 或 4
C 类消声器	≥20	5～6	≥4

根据公式(4.1)及表 4.2，结合原柴油机参数可以计算出原消声器的容积为 $V=\frac{2\times 0.339\times 2600}{1000\sqrt{4\times 1}}=0.8814\ \mathrm{L}$。由于所设计的装置需添加净化材料，因此容积较之前应有所增大。

2. 腔室数目

一般消声器第一腔消声频带主要以低频为主，越往后对高频的消声效果越好。腔室数目越多，高频消声效果会越好；但是腔室数目越多，消声器加工制造所需成本也会提高，体积也会相应增大，这样就不能实现利益最大化[4]。因此在设置腔室数目的时候要综合考虑多种因素，一般要参照相关的消声量要求来确定。本次设计的是农用单缸柴油机排气净化消声装置，要求其消声量大于10 dB(A)，由表4.2可知其腔数 n 可取2或3，原消声器腔数为2，从成本方面考虑腔数取2最为适宜。

3. 长径比

消声器的长径比指消声器腔体总长与其直径的比值。消声器容积和腔数确定之后，就可根据基本体积公式 $V=\pi R^2 \cdot L$ 计算其直径和长度。消声器长径比 L/D 越大，所设计的消声器会越细长，此时消声量较小，低频消声效果较好，高频消声效果相比之下会较差。长径比 L/D 越小，消声器形状则越粗短，此时消声量会相应增大但低频消声效果变差，高频消声效果较好。一般情况下，设计时可取 L/D 的范围为1.5～8，原消声器的长径比 $L/D=140/82=1.71$[5]。由于单缸柴油机排气消声器的尺寸不宜过大，故新设计装置的长径比稍大于原长径比即可。

4. 扩张比

扩张比要根据所设计消声器所要达到的消声量来确定。扩张比取值越大越有利于消声，但由于本次设计对象为农用单缸柴油机，因此扩张比并不是越大越好。一般大型发动机消声器的扩张比可取范围为12～36，但对于单缸柴油机其取值可以略小。消声器扩张比 m 是消声器的半径 R_1 与进气管半径 R_2 之比的平方，如公式(4.2)所示。据扩张比计算公式可计算求得原消声器的扩张比 m 约为7.1，小于12，不在一般的取值范围内，设计不合理[6]。新设计的净化消声装置，扩张比应在合理的取值范围内。

$$m=\frac{R_1^2}{R_2^2} \tag{4.2}$$

5. 消声器前腔容积及长度

前面已经确定设计装置的腔数为2，现在主要考虑前后两腔的长度分配以及净化材料的长度选择。因为尾气首先进入前腔，所以前腔是噪声减弱的主要腔室。前腔可缓冲高速气流和减小压力冲击，因此其容积及长度的设计会影响后续腔体的长度设计，显得尤为重要。设计时一般可取柴油机排量的1～3倍来计算前腔的容积。由于186 FA系列农用柴油机的额定转速小于3600 r/min，前腔室的主要作用就是消除高速气流从排气管喷出后冲击消声器所产生的噪声[7]。

合理设计消声器前腔长度可较好地消除一些通过频率。通过 $V=\pi R^2 \cdot L_1$ 计算出前腔长度 L_1，前腔长度确定之后，后腔长度 L_2 便可以确定，一般取前腔长度的一半为宜。这样选择各腔的长度，有利于消除掉一些通过频率，亦有利于增加消声频带宽度[8]。

6. 进出口管的直径及长度

进口管大小的设计与扩张比 m 有关，而出口管大小则以进口管为基准，因此进口管大小的设计相对重要。进出口管的直径过小，消声器内部的气流会因气流流通面积突变产生气流聚集，速度明显增大，容易产生气流噪声，且阻力损失相对也会越大。进口管的直径不能太大，否则可能导致消声效果不佳，其需有抑流作用。一般进口管的直径为30 mm，设计时将进口管直径适当增大，取为30～40 mm，出口管直径采用原来的尺寸，不做改变。

一般消声器进出口管的内插长度设计为 $L/2$ 和 $L/4$，这样组合搭配能够消除通过频率，保证较大的传递损失及较宽的消声频带，实际应用中，还可将插入管的长度减小 $0.3d$～$0.4d$（d 是插入管的内径）。插入管中心对称布置的时候，容易形成直通管，造成气流无法充分扩张，不能很好地消除掉通过频率[9]，因此采用偏置布置方式。原消声器进口管采用旁插形式，出口管采用中心对称布置方式，符合设计要求。

4.3 净化吸声材料的选择和设置

4.3.1 吸声材料分类及特征参数

针对柴油机排气噪声的控制，中低频消声功能可以通过消声器管道直径、共振腔直径、穿孔板厚度等关键参数的设置实现，高频消声功能则可通过添加吸声材料来实现。在抗性消声器中增加阻性材料便可得到阻抗复合式消声器[10]。经过长达几十年的发展，已经发展出较多先进的多孔吸声材料。与20世纪60年代生产的较老的吸声材料相比，近10年发展起来的新材料更安全、更轻、相关技术也更优。友好的、可持续的、可回收的、绿色的吸声材料也在消声器对噪声的吸收中发挥着重要的作用。具有较高的结构强度和较小结构重量的金属泡沫、陶瓷泡沫在实际使用中将有助于减少其他有害气体的排放，并有助于减少燃料消耗，因而得到广泛的运用。共振吸声材料大致有薄板共振吸声材料、穿孔板吸声材料、微穿孔板共振吸声材料等几种类型，微穿孔板共振吸声材料在空调系统的消声结构中运用比较广泛[11]。

岩棉、玻璃棉、硅酸铝纤维棉是常见的无机纤维吸声材料，棉麻纤维、涤纶棉是常见的有机纤维吸声材料，泡沫铝、聚氨酯泡沫塑料和泡沫玻璃板是常见的泡沫吸声材料，多孔吸声材料的分类如图4.2所示。

阻性消声器和阻抗复合式消声器内部的吸声材料能提高中高频段的消声性能，因此在研究阻抗复合式消声器的消声性能时，对吸声材料的声学特性进行表达有着十分重要的意义。多孔吸声材料根据它们的微观结构可分为多孔状(celluar)、纤维状(fibrous)、颗粒状(granular)几种。颗粒状的吸声材料主要用于控制室外的声音传播。

吸声材料能造成中高频声能损失的主要原因有三个。一是在声波的作用下材料中的空气分子会对声波激励产生影响，相互产生摩擦，将声能转化为热能。二是消声器腔体内部的形状会使气流的流动方向发生改变。三是消声器内部气体在通过多孔吸声材料的不规则孔隙时会膨胀和收缩，造成动量的损失。

多孔吸声材料中存在开放的孔隙，孔隙的尺寸远小于声波的波长，通常在几毫米以下。吸声材料的孔隙率、流阻率都会对吸声材料的声学特性产生影响。

1. 孔隙率

多孔吸声材料孔隙的总体积与吸声材料所占空间的总体积之比定义为孔隙率，即

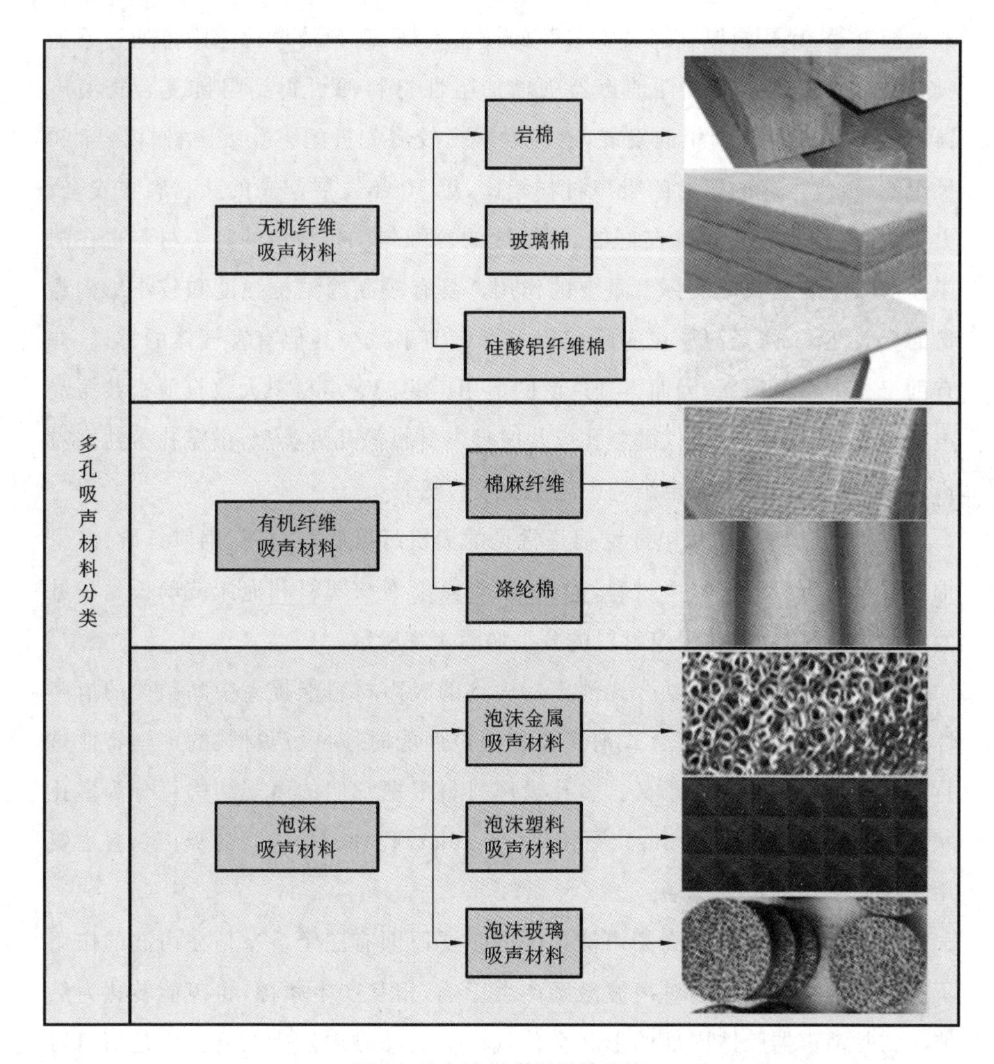

图 4.2　多孔吸声材料的分类

$$h=\frac{V_g}{V_m}=1-\frac{V_s}{V_m} \tag{4.3}$$

式中：V_g为气相体积；

V_s为固相（骨架）体积；

V_m为吸声材料体积，且 $V_m=V_g+V_s$。

孔隙率还可以通过固相密度和材料的平均密度之间的关系表示：

$$h=1-\frac{\rho_m}{\rho_s} \tag{4.4}$$

式中：ρ_s为固相密度；

ρ_m为材料的平均密度。

市面上绝大多数多孔吸声材料的孔隙率在70%以上，其中矿物棉、多孔弹性泡沫通常在95%以上。

2. 流阻率

在稳定速度条件下空气流过吸声材料前后，材料表面的压差与空气流速的比值定义为流阻。流阻率定义为

$$\sigma=-\frac{1}{U}\frac{\Delta p}{\Delta x} \tag{4.5}$$

式中：Δp 是厚度为 Δx 的吸声材料的静压差；

U 为气流经过吸声材料的速度。

对于纤维材料，流阻率会因为纤维直径的变大而急剧下降，普通吸声材料的流阻率为 $2\times10^3\sim2\times10^5$ kg/(m^3·s)。

4.3.2　净化材料设置

净化材料的位置设置，涉及材料长度的选择及位置的确定。多孔净化材料能够消除穿孔板的不利影响，降低通过频率，获得一定的吸收效果。净化材料的厚度和密度也会影响吸声材料的频率特性。在满足消声性能的前提下，取厚则低频吸声效果较好；反之，取薄能够较好地消除高频噪声。本次设计选择工艺简单、价格低廉的泡沫陶瓷材料作为净化材料，将其布置在前腔与后腔之间，并设有连接法兰，可自由拆装，便于净化材料的更换。

4.4　净化消声器的方案设计

基于原消声器的基本结构，通过合理选择净化材料，我们设计出两种不同形状的排气净化消声器，进而确定新型排气净化消声一体化装置。

4.4.1　圆形消声器

柴油机排气净化消声器通常由柴油机消声器和净化基体组成。为提高消声效果可在进气内插管管壁设计多个消声孔，提高共振消声效果。为提高净化

基体的强度，防止其在腔室中破碎而堵塞排气，可选用泡沫铜净化基体。净化基体一般可布置于进气内插管附近，与进气内插管保持一定距离。由于进气内插管的存在以及其管壁设计有多个消声孔，尾气在此处的流动方向得到了改变，尾气的流动速度也得以降低，尾气进入净化基体后流动的时间变长，有助于净化基体对柴油机尾气中的微粒进行捕集。直立安装是净化基体的一种常见的安装方式，直立安装的净化基体可设置为一体式或分开式，初始方案定为一体式安装的净化基体。尾气流经净化基体之后，进入带插入管的穿孔隔板结构，排气噪声得到进一步衰减，最后尾气通过排气管汇集后排出净化消声器。

圆形排气净化消声器主要结构示意图如图 4.3 所示。

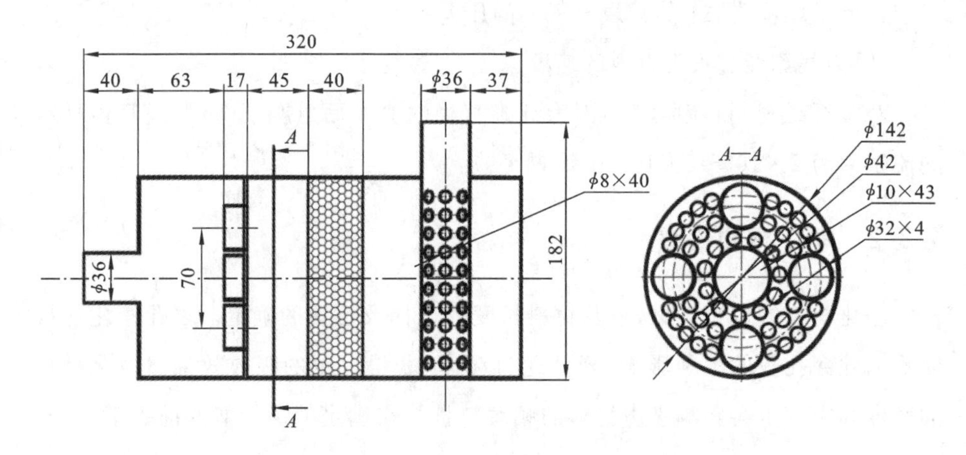

图 4.3　圆形排气净化消声器主要结构示意图

4.4.2　方形消声器

扩张式消声器的尺寸结构对消声器的性能有很大影响。扩张室的长度为波长 1/4 的奇数倍时消声效果最好，消声量达到最大值；当扩张室的长度为波长 1/2 的整数倍时，消声效果最差，消声量为 0。为了在有限的安装空间实现较大的扩张比，进而提高消声器的声学性能，在对消声装置进行新的设计时，把整体的形状设计成方形，具体尺寸如图 4.4 所示，方形净化消声器的扩张比为 35。

长径比为消声器长度与其直径的比值。在保持消声器总长不变的情况下，扩大消声器的长径比就要减小消声器的直径，而此时其扩张比会减小，消声性能将会下降。长径比变大，低频消声效果会变好，高频消声效果会变差；反之，

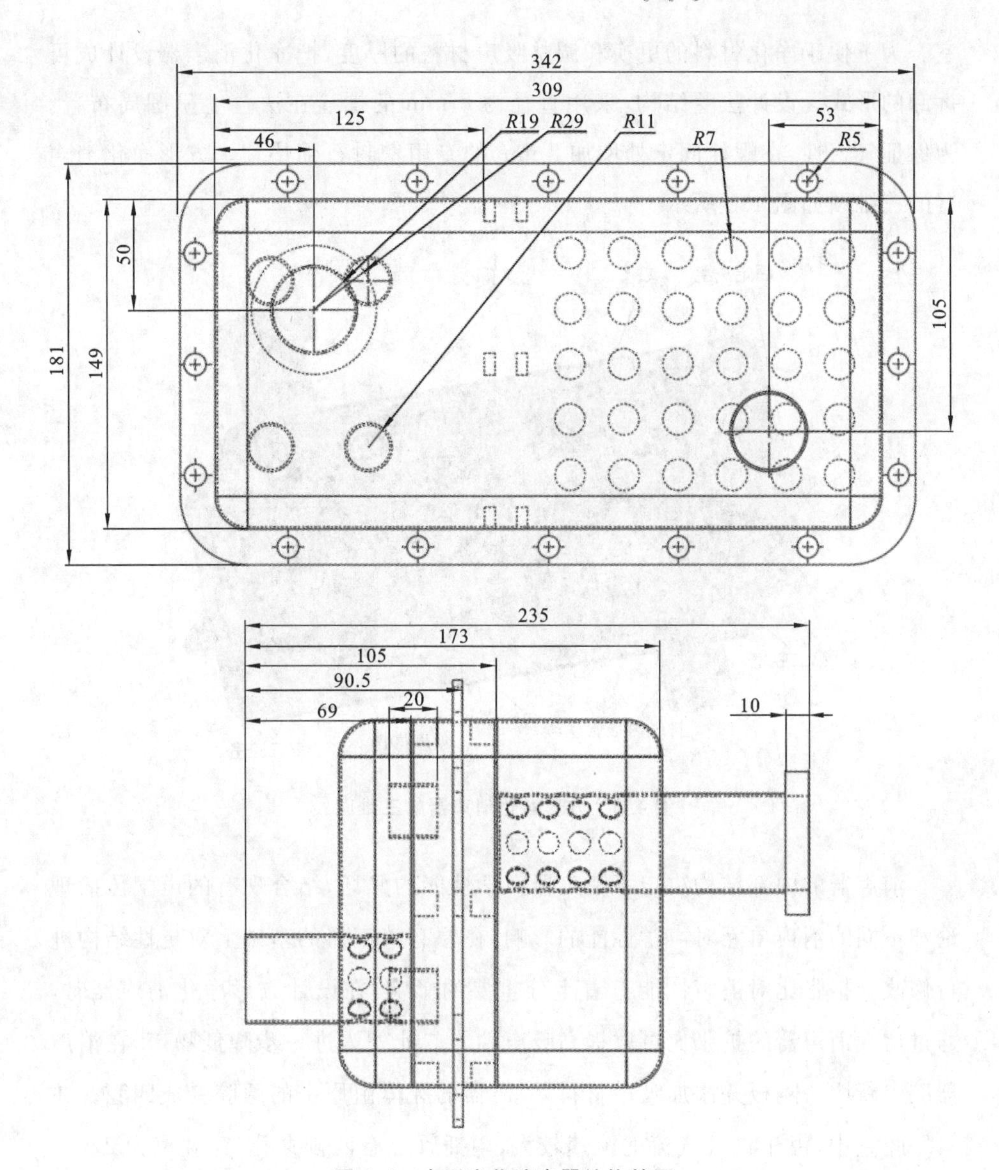

图 4.4　方形净化消声器结构简图

长径比变小，低频消声效果会变差，高频消声效果会变好。

消声器的腔数对消声量也有很大的影响，在对消声器的腔数进行设计时，不同的消声需求会设计不同的腔数。一般来说，消声量在 10 dB 以上时，腔数一般为 2 或 3 个，消声量在 15 dB 以上时，腔数一般为 3 或 4 个，消声量在 20 dB 以上时，腔数一般为 4 个，考虑实际需求，对新模型进行设计时采用 4 个消声腔室。为了便于净化材料的更换和调整吸声材料的厚度，把净化消声器设计成可拆卸的形式。设计法兰结构，采用直径为 8 mm 的螺栓在法兰上呈圆周布置。为保证气密性，在螺栓固定处增加 2 mm 的专用密封石棉垫片。方形净化消声器的三维图如图 4.5 所示。

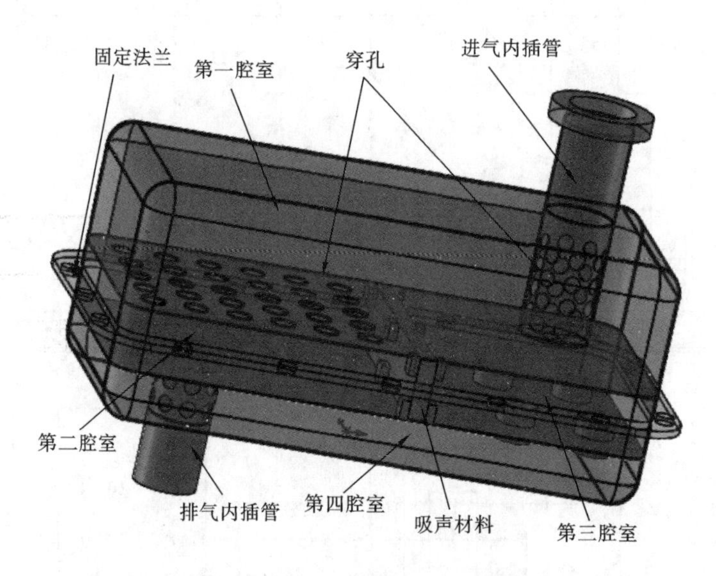

图 4.5 方形净化消声器的三维图

消声器的内部结构决定了消声器声学性能的好坏，结合现有的声学传播理论和不同的消声单元对声学性能的影响，在原有消声器的基础上对抗性结构进行修改。扩张比对消声性能有着十分重要的影响，在设计方形净化消声器时，通过增大消声器的扩张比可以提高吸声性能。此外为进一步降低噪声，在消声器腔内新增一隔板并添加吸声材料，消声器的腔体由原来的两腔变成四腔。在第一腔室中，由于进气气流的流速较大，内插管上有四排穿孔，穿孔率为 27%，为了使气体在第一腔室内充分扩散，第一腔室的容积较大，厚度为 70 mm，进入第一腔室的气体通过穿孔隔板进入第二腔室，隔板的穿孔率为 17.22%。

第二腔室的厚度和第三腔室的厚度一样，均为第一腔室的一半，即 35 mm，第四腔室的厚度为 30 mm。为了有效降低消声器内部气体的流速，在第二个隔板上设计四个内插管，内插管的直径为 22 mm，长度为 20 mm。排气内插管上的穿孔设计为两排，穿孔率为 13.5%。这种抗性结构的设计有助于消声器消声性能的提高。由于柴油机的排气噪声在低、中、高频都有分布，因此针对柴油机噪声设计消声装置时，应当充分考虑该装置对各个频段的消声性能。

4.5 本章小结

本章介绍了消声器的设计理论及设计特点，并通过对柴油机噪声频谱的分析，基于柴油发动机的特性对消声器相应的结构参数进行设计，同时也对186FA系列农用小型柴油机的设计理论和在实际中需要注意的问题进行了介绍。此外介绍了吸声材料的特征参数(孔隙率、流阻率)，并分析了吸声材料的吸声原理和吸声过程，从而构建出能反映消声器内部实际情况的声学理论模型。基于原消声器的基本结构，通过合理选择净化材料，设计出两种不同形状的排气净化消声器，从而确定了新型净化消声一体化装置。

本章参考文献

[1] 刘庆. LJ276M电控汽油机排气消声器性能模拟分析与改进[D]. 武汉：武汉理工大学，2009.

[2] 袁启慧. 基于Virtual. Lab的汽车排气消声器性能仿真研究[D]. 重庆：重庆交通大学，2013.

[3] 夏珩，郑四发，郝鹏，等. 汽车消声器多工况综合性能的评价方法[J]. 农业机械学报，2009，40(4)：33-37.

[4] 程春，李舜酩，贾骁，等. 传递矩阵法的排气消声器声学性能分析[J]. 噪声与振动控制，2013，33(4)：126-130.

[5] 唐飞. 车用柴油机新型消声器性能仿真及其试验研究[D]. 长沙：湖南大学，2011.

[6] 龚金科. 汽车排放污染及控制[M]. 北京：人民交通出版社，2005.

[7] 黎苏，葛蕴珊，黎志勤，等. 抗性消声器的三维声学边界元模型及其应用[J]. 内燃机学报，1992，10(2)：147-154.

[8] 贺岩松，李景，卢会超. 组合式穿孔管消声器声学仿真[J]. 噪声与振动控制，2012(2)：151-154.

[9] 季振林，张志华，马强，等. 管道及消声器声学特性的边界元法计算[J]. 计算物理，1996，13(1)：1-6.

[10] 方建华. 基于CFD的工程机械抗性消声器设计与性能分析[D]. 济南：山东大学，2009.

[11] 王作为. 阻抗复合式排气消声器声学性能研究[D]. 哈尔滨：哈尔滨工程大学，2019.

第 5 章 消声器流场及声学特性仿真分析

5.1 相关软件介绍

5.1.1 Fluent 简介

Fluent 是目前流行的商用 CFD 软件包，在航空航天、汽车设计和涡轮机设计等方面都有着广泛的应用。Fluent 具有先进的数值方法和多种物理模型以及前后处理功能，基本思想是将连续物用精细划分和微元离散后的变量值来代替，从而解决流动计算问题。

5.1.2 LMS Virtual. Lab 简介

LMS Virtual. Lab 是一款基于 CATIA V5 平台的综合性软件，它能够集模型创建、网格划分和模拟仿真于一体，忽略软件之间的转化问题。该软件主要由声学模块（Acoustic）、多体动力学模块（Motion）、混合建模及振动分析模块（Noise & Vibration）、耐久性分析模块（Durability）、结构分析模块（Structure）和优化模块（Optimization）等模块组成，其中的 Acoustic 声学模块是基于 Sysnoise 开发的声学仿真分析模块，求解覆盖范围广。

5.1.3 CFD 精度问题讨论

CFD 软件相当于一个黑匣子，利用 CFD 软件解决工程问题，其内部的关键数据流向很难弄清楚，更不可能完全掌握其内部各流场流动情况。但是如何利用各 CFD 软件的计算能力来解决实际问题，提高计算结果的精度和可信度非常重要。最需要注意的部分包括以下几个方面：

(1) 算法导致的精度问题；

(2) 边界条件会对计算结果产生本质影响；

(3) 网格质量是所有计算分析的前提；

(4) 合适的湍流模型的选择；

(5) 几何模型必须保证关键几何特征的正确简化。

5.2 流场仿真试验及其特性分析

5.2.1 模型概述

排气净化消声器是在排气消声器腔体内部添加净化基体构成的，净化基体内部具有极其复杂的多孔结构，在进行多物理场耦合计算时易产生发散现象。为提高计算精度，在工程问题中可依据排气消声器模型寻找对声学性能影响较为显著的物理场因素。根据第 4 章所提出的柴油机排气净化消声器结构方案，运用三维建模软件对排气消声器(抗性消声单元)进行三维实体建模。考虑排气消声器结构的实用性、可靠性以及在仿真计算时所需达到的精度，在建模过程中需对其结构进行简化处理，忽略加工精度带来的影响。忽略排气消声器进气内插管以及穿孔隔板上穿孔的不均匀性，不考虑误差允许范围内排气消声器内部穿孔管的穿孔毛刺、穿孔隔板的穿孔毛刺；忽略进气内插管、穿孔隔板、排气管与消声器外壳之间的焊接缝隙，内插管与穿孔隔板之间的焊接缝隙以及外壳之间的焊接缝隙。将三维软件创建好的消声器三维模型保存为 step 格式，导入有限元仿真软件中，将消声器内部流体域(见图 5.1)抽出，并导出为 step 格式，为后续利用有限元仿真软件对其进行网格划分做好准备。

5.2.2 网格划分

本章用有限元仿真软件进行网格划分，由于排气消声器内部结构较为复杂，存在进气内插管、穿孔隔板等较多穿孔结构，因此工程运用中一般采用非结构化网格对其进行网格划分。对于排气消声器不同结构处，网格尺寸按计算要

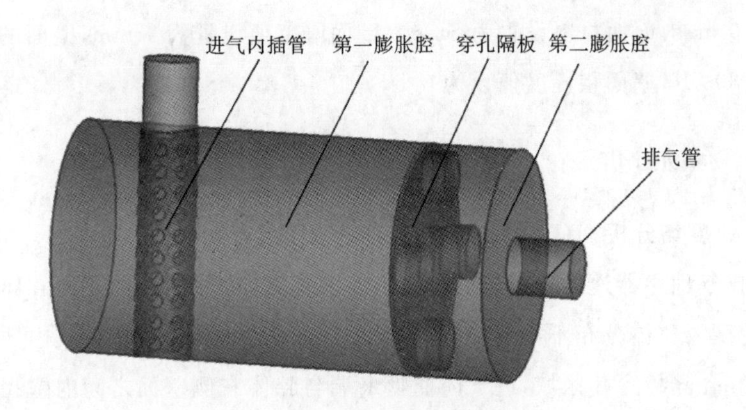

图 5.1 排气消声器流体域模型

求进行分别定义，进气内插管及穿孔隔板的穿孔区域尺寸较小，划分为 0.8 mm 的四面体网格，其余的进/排气管壁面区域、穿孔隔板区域采用 4 mm 的四面体网格，进、排气口采用 2 mm 的四面体网格，腔体壁面及其余部分采用 8 mm 的四面体网格，如图 5.2 所示。排气消声器抗性消声单元流体域网格单元总数为 1298454，网格节点总数为 245730。

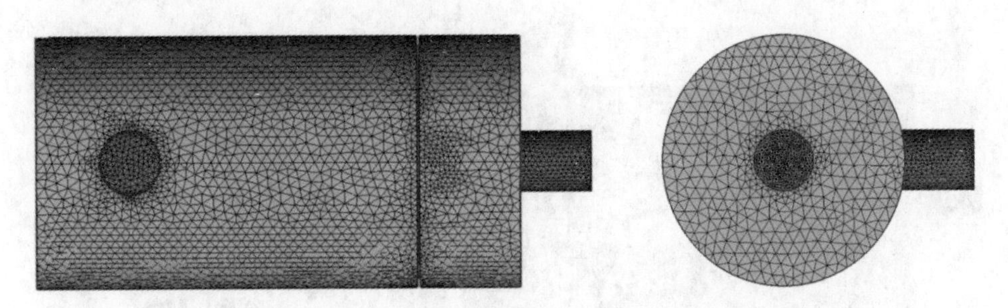

图 5.2 排气消声器流体域网格划分图

5.2.3 边界条件

结合单缸柴油机排气消声器实际工况，定义入口边界条件为速度入口类型，速度值设定为 30 m/s，其中的入口湍流强度按湍流强度计算公式计算，设定为 5%；水力直径即排气消声器进气内插管内径，设定为 34 mm，入口处的温度设置为 556 K；出口边界条件定义为压力出口类型，因排气消声器的排气管尾端的出口直接通向大气，与外界大气的相对压力值为 0 Pa，腔体壁面处的气流速度设为 0 m/s，壁面材料设置为 Steel，壁面厚度值设置为 1 mm，壁面的温度值设置为 300 K，壁面粗糙度值设为 0.5。

5.2.4 流场分析

1. 速度场分析

从排气消声器速度分布(见图 5.3)可以看出，抗性消声单元的气体通过性较好，速度场整体分布不均匀，气流速度变化较大，尤其体现在进气内插管穿孔区域和穿孔隔板穿孔区域，进气内插管末端与腔体右侧壁面之间内壁拐角位置存在一定的回流区。气流在进气内插管末端穿孔区域速度较高，约为 27 m/s；气流通过穿孔管穿孔区域直至穿孔隔板区域，由于膨胀作用，其过流断面由穿孔区域变为消声器腔体横截面，气流速度逐渐减小并趋于稳定，气流速度介于 3～6 m/s 之间；而在腔体壁面区域气流速度比较低，不超过 3 m/s；最后气流流经穿孔隔板穿孔区域、内插管以及排气管区域，气流过流断面减小，气流速度逐渐升高，约以 30 m/s 的速度流出。

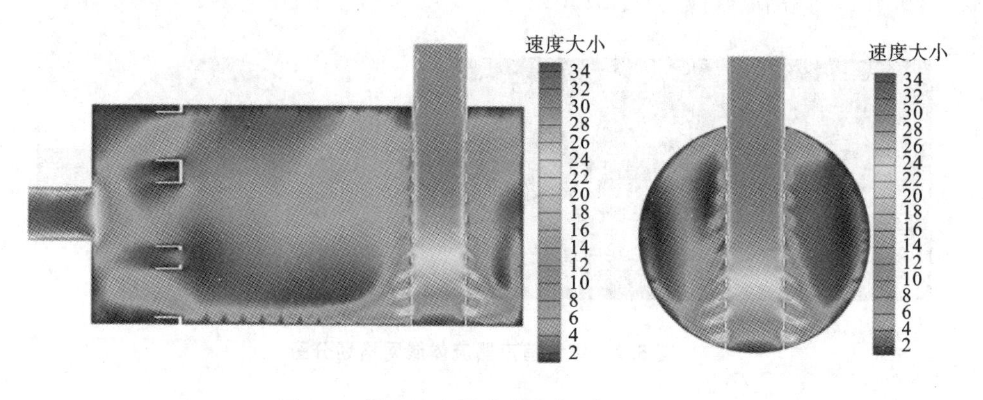

图 5.3　排气消声器速度分布(单位 m/s)

2. 压力场分析

从排气消声器压力分布(见图 5.4)可以看出，排气消声器压力损失约为 773 Pa，整体上来说消声器压力损失较小，腔内压力呈阶梯状分布，压力依次从进气内插管、第一膨胀腔到排气管逐级递减。要注意的是，进气管中的气流压力沿气流流动方向逐渐递增，而靠近进气管末端的压力达到 770 Pa，由伯努利方程可知，此处气流受到阻碍作用，气流速度逐渐减小，气流压力逐渐增大。气流在进气内插管中只能通过内插管上的穿孔进入第一膨胀腔，所以穿孔处产生了较高的压力梯度，压力梯度最高可达 190 Pa。气流在膨胀腔中压力分布较为均匀，第一膨胀腔的压力维持在 380～550 Pa，第二膨胀腔的压力维持在 380～490 Pa。排气管出口附近压力最小，气流压力约为 0 Pa。

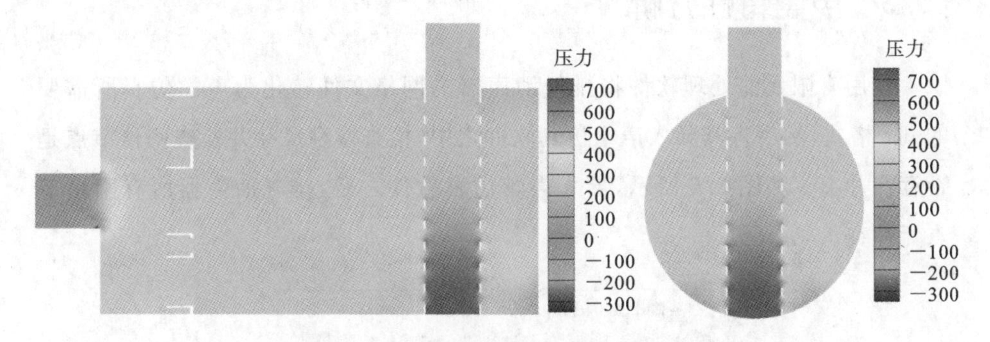

图 5.4 排气消声器压力分布(单位 Pa)

3. 温度场分析

从排气消声器温度分布(见图 5.5)可以看出，由于柴油机排气管中尾气温度较高，排气消声器腔体内部气流温度普遍较高，此时噪声传播速度及传播介质的密度等会发生一定变化。由于气流流动过程中的热损失，排气消声器腔体内部温度梯度变化范围较大，气流温度沿其流动方向逐渐降低。进气内插管中的气流温度最高，约为 556 K，腔体壁面位置气流温度最低，约为 380 K。排气消声器内部不同穿孔位置附近温度变化幅度较大。气体的导热系数较小，气流流经进气内插管穿孔区域、穿孔隔板穿孔区域附近后因膨胀作用气体热流密度减小，气流温度逐渐降低。当气流经过进气内插管上的穿孔区域扩张到第一膨

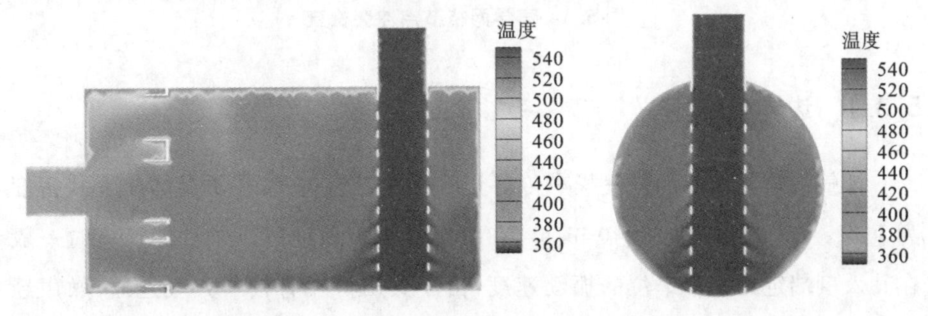

图 5.5 排气消声器温度分布(单位 K)

胀腔中时，气流温度变化幅度升高，此时气流温度为 510～550 K。随后气流经穿孔隔板上的穿孔结构及内插管结构流通到第二膨胀腔中，气流在第二膨胀腔内再次扩张，温度进一步降低。排气管中气流温度较低，大约为 496 K。

5.3 声学特性分析

运用有限元前处理软件将排气消声器的网格文件转化为声学仿真所需要的 dat 格式，然后将其导入声学仿真软件之中，检查模型尺寸并检查网格节点是否存在冲突。如图 5.6 所示，导入声学仿真软件之后，排气消声器所有网格节点无冲突。

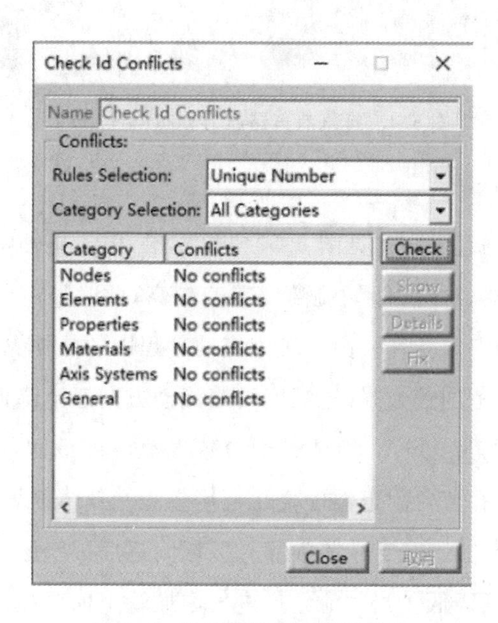

图 5.6　声学网格节点冲突检查

5.3.1 边界条件定义

排气消声器内部的排气噪声传播介质可设置为空气，在常温常压下其密度为 1.225 kg/m^3，声速为 340 m/s。在对排气消声器进行声学性能计算时一般在其入口端定义一个单位的振动速度，由于其出口端直接与大气连通，噪声经出口端扩散至大气中，为模拟外界大气无噪声反射的边界条件，可将出口端设置为全吸声属性,不考虑腔体壁面对噪声的吸收。如图 5.7 所示,入口声学边界条件设置为振动激励,其实部为−1 m/s,虚部为 0;出口声学边界条件设置为完全吸声的特性阻抗,其实部为 416.5 kg/(m^2 · s),虚部为 0。

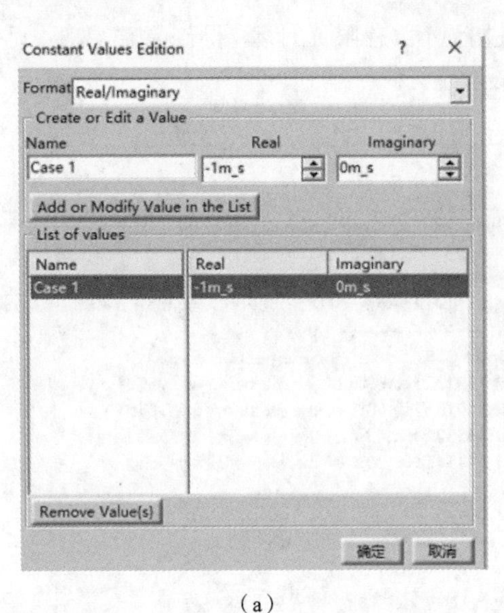

(a)

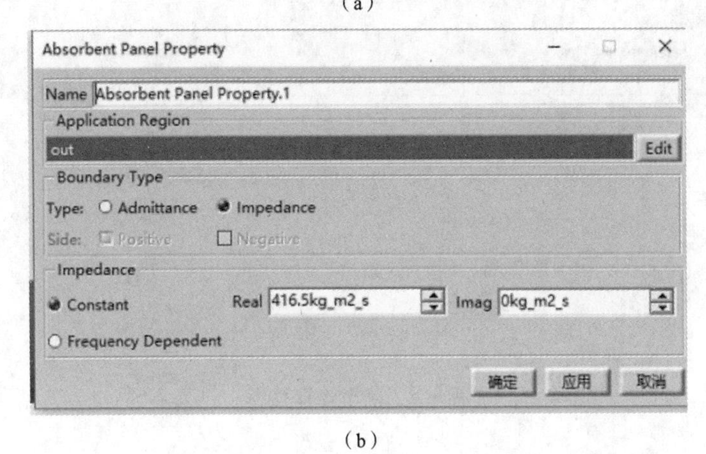

(b)

图 5.7　消声器出入口边界条件定义

5.3.2　声压级幅值计算

柴油机的排气噪声频带分布范围较广,尤其体现在中低频率范围内。人类对频率在 3000 Hz 左右的噪声最为敏感,因此分析频率在 5000 Hz 内的排气噪声即可满足分析要求。如图 5.8 所示，验证排气消声器计算频率范围可知，100%的网格可计算到 8587.5 Hz，高于 5000 Hz 的仿真计算范围，满足声学仿真精度要求。设置分析频率计算范围为 20～5000 Hz，每 20 Hz 为一个计算步长。对建立的模型进行声学有限元计算，得到常温常压、无流条件下的排气消声器声压级幅值云图。

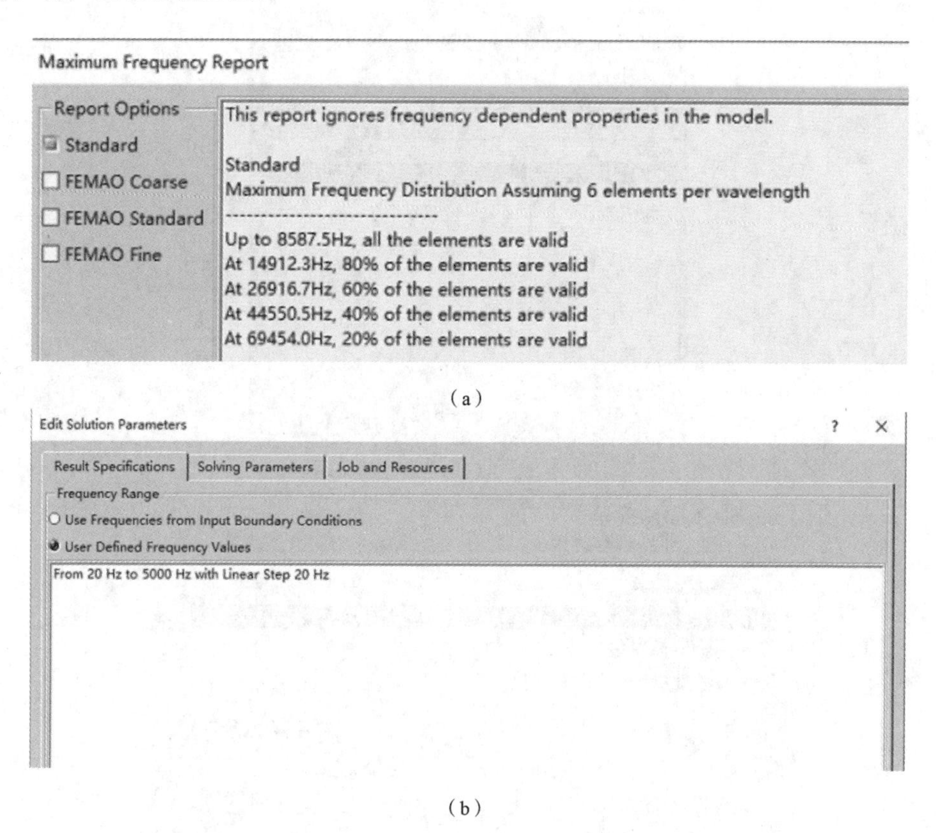

图 5.8　频率计算范围

如图 5.9 所示，从 400 Hz 开始每隔 400 Hz 选取频率在 5000 Hz 内的排气消声器声压级幅值云图。从图中可以看出，在 400～2000 Hz 的中低频范围内噪声在排气消声器腔室内主要以平面波形式传播，此时腔室内部声压级幅值云图较为规则，噪声声压级呈带状分布，同一截面附近的声压级相差不大，声压级幅值从进气内插管、第一膨胀腔、第二膨胀腔到排气管依次逐渐降低，噪声削弱效果明显，验证了噪声在腔室内部的传播符合一维平面波理论。在 2000～5000

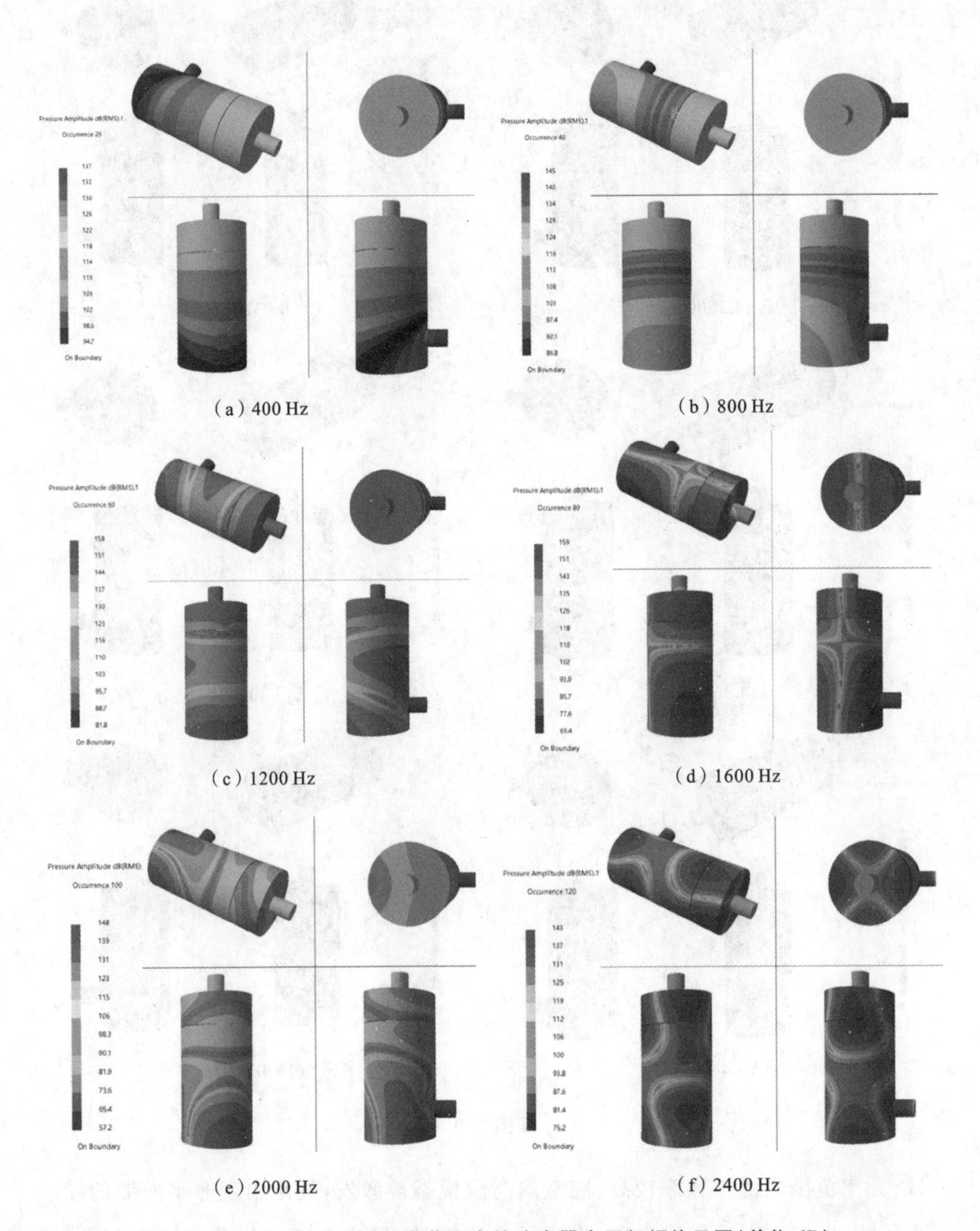

(a) 400 Hz　　(b) 800 Hz

(c) 1200 Hz　　(d) 1600 Hz

(e) 2000 Hz　　(f) 2400 Hz

图 5.9　400～5000 Hz **频率范围内的消声器声压级幅值云图(单位** dB**)**

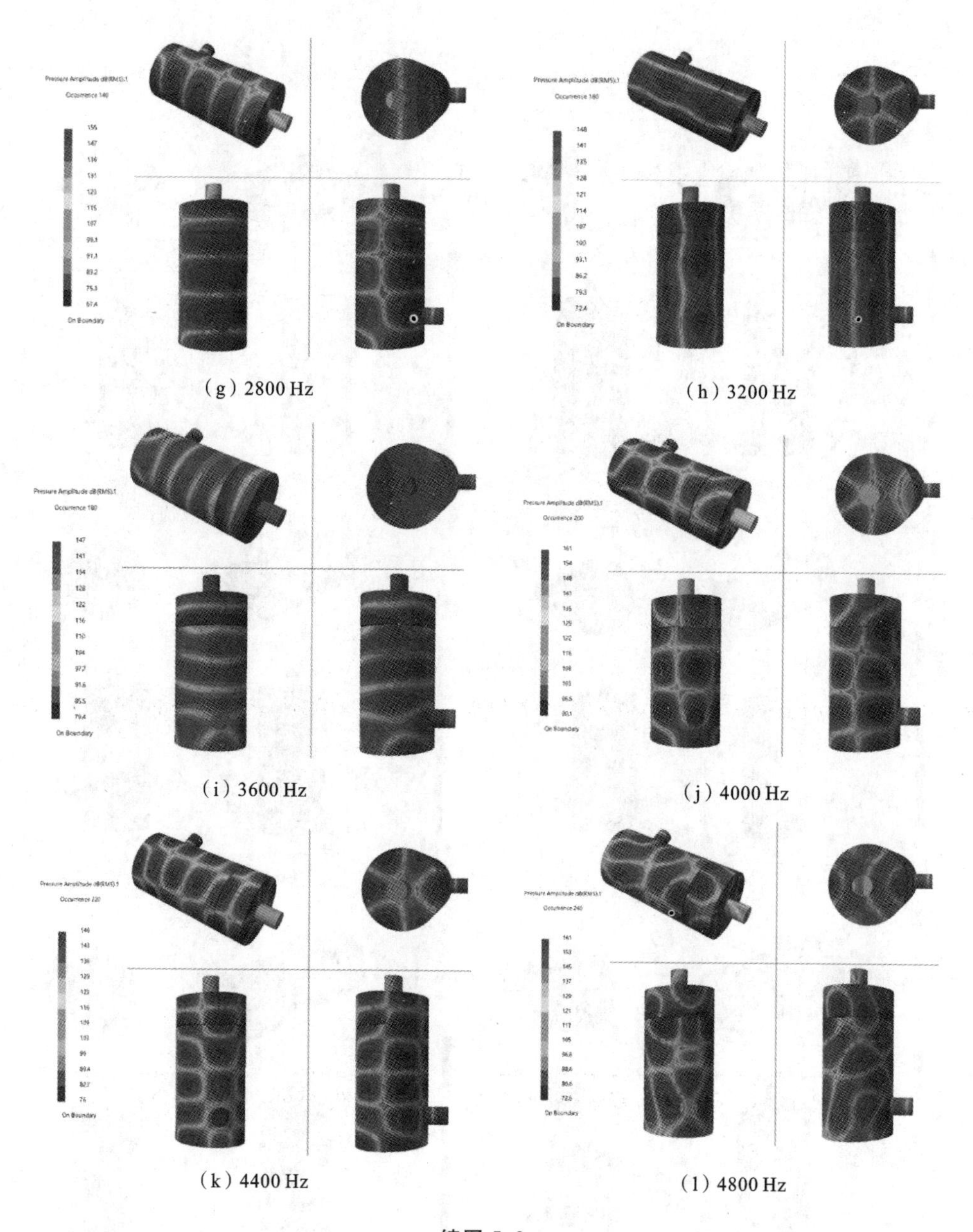

（g）2800 Hz　　（h）3200 Hz

（i）3600 Hz　　（j）4000 Hz

（k）4400 Hz　　（l）4800 Hz

续图 5.9

Hz 频率范围内噪声频率较高，腔室内高阶模态被激发，逐渐出现非平面波的噪声传播，即三维声波传播现象，出现了高次谐波，腔室内部声压分布变得复杂，声压分布越来越不均匀。从 2400 Hz 开始出现了块状聚集性云图，在 4000～

5000 Hz 小块状聚集性云图明显增多，其周向及径向波动现象明显随频率的升高逐渐增强。从排气消声器腔室整体来看，排气管区域声压级幅值始终小于进气管区域声压级幅值，消声效果较好。

5.3.3 传递损失分析

对排气消声器传递损失进行分析，如图 5.10 所示，0～5000 Hz 频率范围内消声器传递损失变化较大，频率为 1520 Hz 时传递损失为 52.1 dB(A)，此时传递损失最大，消声效果最好。频率为 630 Hz、3060 Hz、3340 Hz、3580 Hz 时传递损失均不足 1 dB(A)，这四个频率附近为消声器的噪声通过频率，传递损失最小，此时消声作用较差。进一步分析，在 0～5000 Hz 频率范围内排气消声器整体平均传递损失为 19 dB(A)，传递损失较大，消声作用较好。在 0～500 Hz 的低频范围内平均传递损失为 15.4 dB(A)，传递损失较小，消声作用较差；在 500～3000 Hz 频率范围内平均传递损失为 23.4 dB(A)，此时传递损失较大，消声作用较好；在 3000～5000 Hz 频率范围内平均传递损失为 14.4 dB(A)，传递损失较小且存在较多噪声通过频率，消声作用较差。

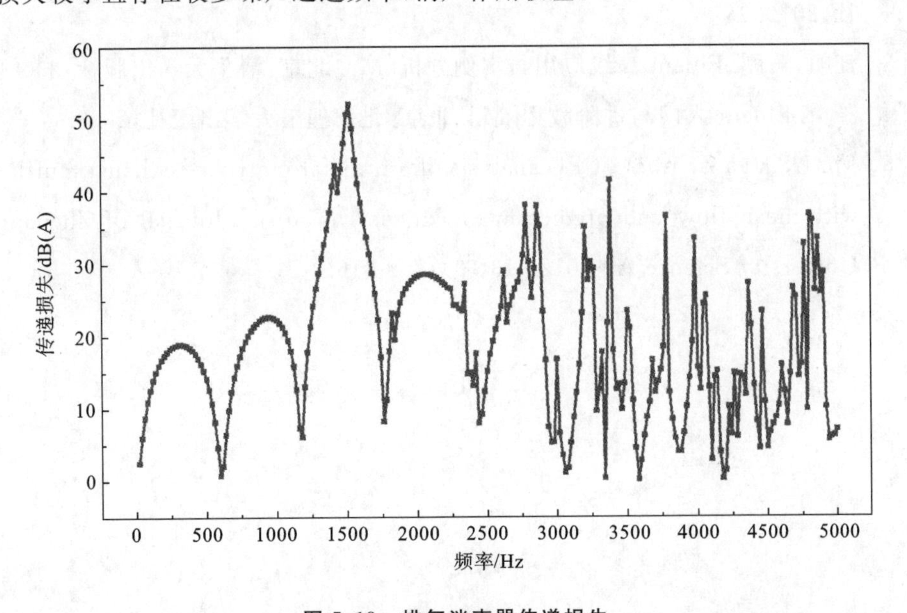

图 5.10 排气消声器传递损失

5.4 本章小结

本章主要对净化消声装置进行了流场及声学特性仿真分析。分析过程包括三维模型的建立、网格划分、流场分析及声学分析边界条件的设定，得到了消声器内流场的压力分布云图、速度分布云图、声压级云图，并对压力损失和传递损失进行了计算。通过对净化消声装置的速度、压力分布云图及各频率传递损失进行深入分析，得知所设计的净化消声装置的压力损失满足要求，同时中低频段范围内的消声效果明显提升，流场及声学特性得到改善，为后续试验研究奠定了相应的仿真理论依据。

本章参考文献

[1] 方建华. 基于 CFD 的工程机械抗性消声器设计与性能分析[D]. 济南：山东大学，2009.

[2] 张凯，王瑞金，王刚. Fluent 技术基础与应用实例[M]. 北京：清华大学出版社，2010.

[3] 江帆，黄鹏. Fluent 高级应用与实例分析[M]. 北京：清华大学出版社，2008.

[4] 于勇. Fluent 入门与进阶教程[M]. 北京：北京理工大学出版社，2008.

[5] Liu L, Hao Z, Liu C. CFD analysis of a transfer matrix of exhaust muffler with mean flow and prediction of exhaust noise[J]. Journal of Zhejiang University Science A, 2012, 13 (9)：709-716.

第6章 消声器多物理场耦合仿真分析

排气净化消声器是在排气消声器腔体内部添加净化基体构成的，净化基体内部具有极其复杂的多孔结构，在进行多物理场耦合计算时易产生发散现象。为提高计算精度，在工程问题中可依据排气消声器模型寻找对声学性能影响较为显著的物理场因素。本章主要对消声器热-声耦合、流-声耦合、热-流-声耦合、声-振耦合等耦合场下的传递损失变化规律进行研究。

6.1 消声器热-声耦合影响特性研究

流体的密度、声速等与温度息息相关，当温度发生变化时，密度和声速等物理量均会发生相应的变化，而实际上消声器内部的温度变化范围比较大。若在温度不断变化的情况下仍用常温数值来定义材料属性，则相应的分析计算结果会产生很大的误差，故在对消声器进行声学仿真分析时应考虑温度变化的影响。

通常来说，空气的相关参数随温度变化的规律可以用以下公式表示：

$$A_t = A_{20}\left(\frac{T}{T_{20}}\right)^n = A_{20}\left(\frac{273+t}{293}\right)^n \tag{6.1}$$

式中：A_t 为 t ℃时对应的物理量，可以表示声速 c、密度 ρ、阻抗特性 ρc；

A_{20} 为常温状态的物理量；

T 表示单位是 K 的绝对温度；

n 为温度指数，其中声速 c、密度 ρ、阻抗特性 ρc 对应的值分别为 1/2、−1、−1/2。

通常运用经验公式(6.1)来表示空气参数随温度变化的规律，但实际上消声器内部的温度分布不均匀且具有梯度，故不能使用一个恒定的温度值对消声器进行声学仿真分析。为了对消声器进行更加贴近实际的声学仿真，可以在CFD软件中得到消声器模型的温度场。

将运用Fluent软件进行流体分析所得到的温度场以CGNS格式导出，如图6.1所示，然后作为边界条件导入Virtual. Lab中。除了需要定义入口单元组和出口单元组外，其余的声场边界条件与使用AML方法进行声学仿真的边界条件基本一致。除在入口单元定义单位声功率，在出口单元定义AML属性外，还需要将声学模型的属性定义成“Temperature Dependent Fluid Proper”。因为CFD网格上包含流体温度、密度等数据，故需要将CFD网格上的数据映射到声学网格上，如图6.2所示。最后通过定义AML边界层属性的方法得出消声器在出口处的声功率以及在温度场影响下的传递损失。图6.3所示为考虑温度影响与不考虑温度影响两种情况下消声器传递损失曲线对比。

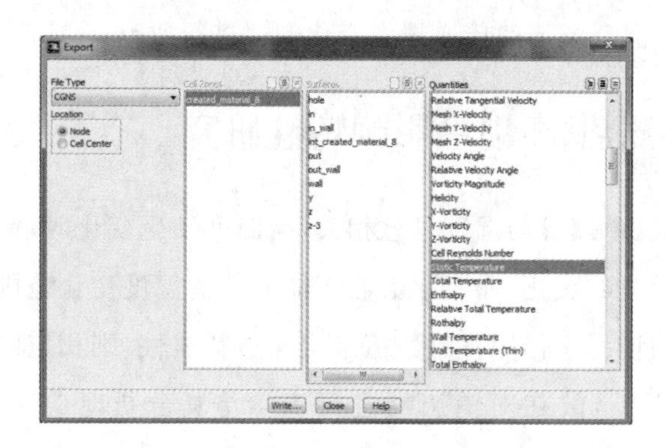

图6.1 温度场导出示意图

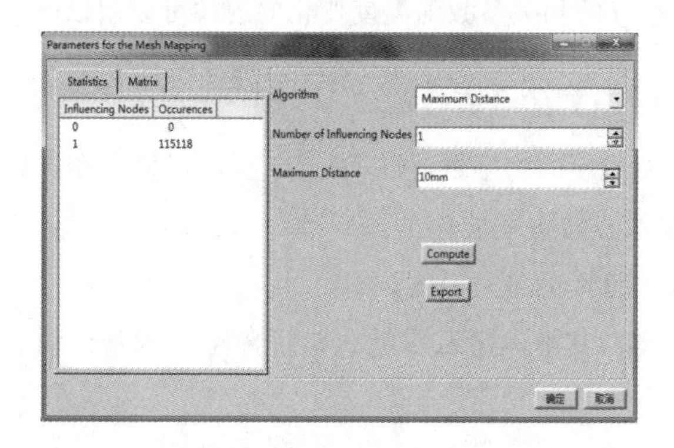

图6.2 网格匹配参数示意图

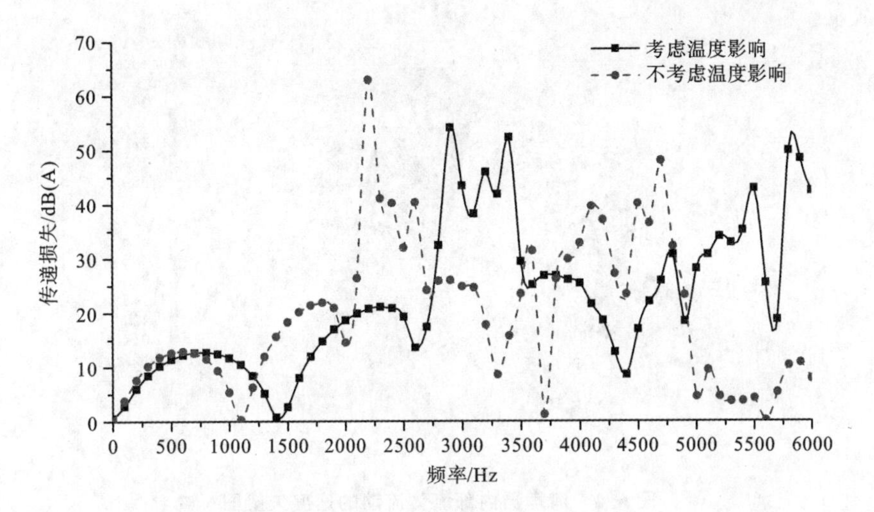

图 6.3　考虑温度影响与不考虑温度影响两种情况下消声器传递损失曲线对比

从图 6.3 可以看出，在考虑温度影响的状况下，消声器的传递损失曲线相对于不考虑温度影响的来说整体向高频方向移动，且每个拱形的宽度有所增加，每两个拱形峰值之间的频率间距相对增大。当波长为定值时，随着温度的升高，声速相应增大，从而使频率相应增大，故消声器的声学频率特性向高频方向移动。

消声器在实际工作过程中会受到温度影响，进行热-声耦合可探寻在不同温度情况下消声器的传递损失变化规律，使仿真结果更加贴近实际。

6.2　消声器流-声耦合影响特性研究

在前面章节对消声器所进行的仿真计算中，都假设消声器里面的介质处于静止状态，声波的传播不受介质状态的影响。而在实际情况中，消声器管道内部的流体介质为柴油机的排放尾气，是具有速度的。当介质的速度足够大时，声音的传播特性会发生一定的变化，从而对分析结果产生影响，故有必要考虑流速对消声器传递损失的影响。在计算时添加 Flow 边界条件，即在消声器入口单元组处添加流速 Flow Velocity 边界条件，边界值设置为 $v=-30$ m/s，并将出口单元组的流动势能 Flow Potential 的值设置为 0。运行计算机后可以得到消声器内部流体流动的速度矢量图，如图 6.4 所示。

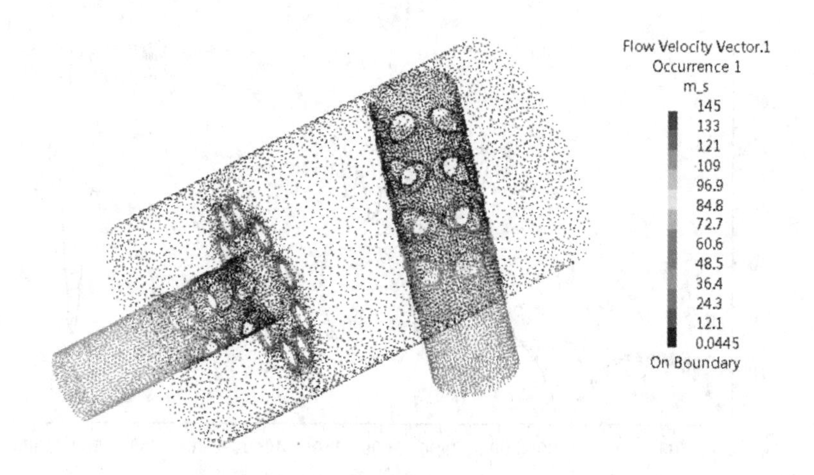

图 6.4 消声器内部流体流动的速度矢量图

由图 6.4 可知，消声器内部流体流动的速度分布与内部结构有关，进口管和出口管处的流速比较均匀，而第一共振腔和第二共振腔的流速总体比进出口管的要小，大致介于 20～25 m/s 之间；靠近壁面处的流速很小，其中最小值约为 0.0445 m/s。另外可以看出，在进气插入管、排气插入管以及穿孔隔板上的小孔结构处流速有明显的突变，且流速比较大，在靠近小孔壁面处的流速最大，最大值约为 145 m/s。

考虑流速对消声器消声性能的影响，在进行仿真分析时，除需在入口单元定义单位声功率，在出口单元定义 AML 属性为全吸声边界外，还需要将声学模型的材料属性设置为 Air，将声速设置为 340 m/s，密度设置为 1.225 kg/m^3。最后通过计算得到消声器在考虑流速时的声学特性。图 6.5 所示为考虑流速影响与不考虑流速影响两种情况下消声器传递损失曲线对比。

由图 6.5 可知，消声器的两条传递损失曲线在 1～2100 Hz 频率范围内基本重合，在 2200 Hz 处的传递损失峰值略有差异，在 2280～3800 Hz 频率范围内也基本相似。当频率达到 4000 Hz 时，两条传递损失曲线开始出现差异。故可以得出：流速在中低频段对消声器传递损失几乎没有影响，而在高频段，由于流场中的对流效应，消声器的传递损失曲线峰值有所增大。

消声器的流-声耦合仿真可以将实际工作过程中消声器内部流场对声场特性的影响情况进行耦合，大大提高了仿真数据的准确性。

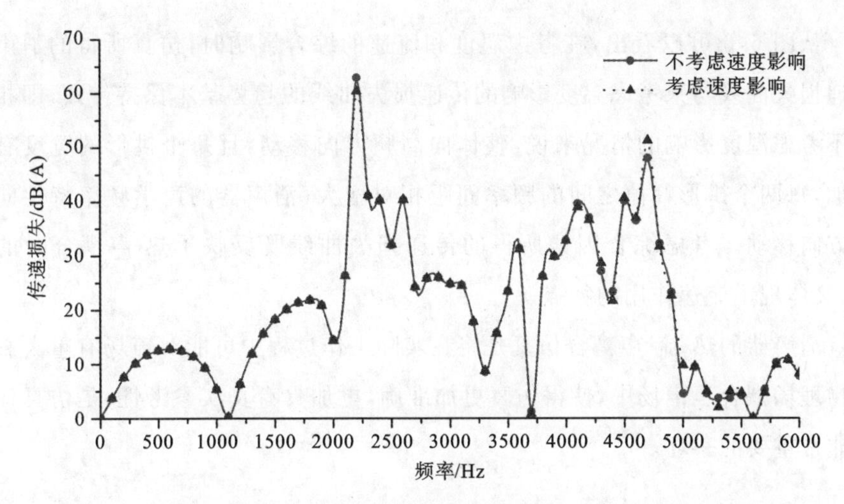

图 6.5　考虑流速影响与不考虑流速影响两种情况下消声器传递损失对比

6.3　消声器热-流-声耦合影响特性研究

通过前面两节的数值仿真分析，发现温度场及流速对消声器的传递损失产生了一定的影响。本节将对这两种因素进行同时考虑，即同时考虑温度场和流速对消声器消声特性的影响。将上文所得的内部气流的温度场以及流场速度同时作为边界条件，在 Virtual. Lab 中对消声器的消声特性进行分析并得到传递损失曲线。各种情况下消声器传递损失对比如图 6.6 所示。

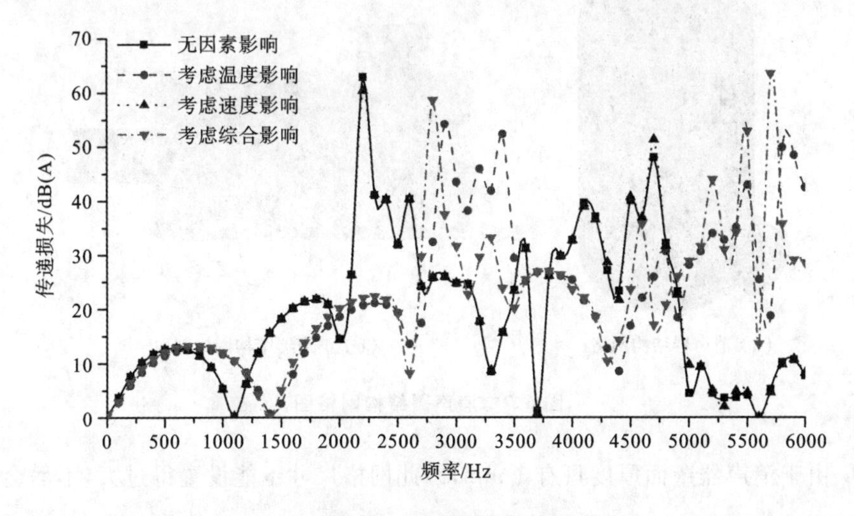

图 6.6　各种情况下消声器传递损失对比

从图 6.6 可以看出，在考虑温度和流速的综合影响时，仿真所得的消声器传递损失曲线与只考虑温度影响的传递损失曲线的趋势基本保持一致，即相对于不考虑温度影响的情况来说，整体向高频方向移动，且每个拱形的宽度有所增加，每两个拱形峰值之间的频率间距相对增大，消声器的声学频率特性向高频方向移动。考虑综合因素所得的传递损失曲线既反映了热-声耦合时的特点，又体现了流速作用的特点。

消声器的热-流-声耦合仿真是将在实际工作过程中可能对声场有重大影响的物理场耦合至声场中，使得仿真更加准确，更加具有真实参考性，是仿真计算中非常重要的一环。

6.4 消声器声-振耦合影响特性研究

通常，可以基于结构模态和结构振动进行声-振耦合计算。计算结构模态时，常假设结构处于真空环境中，即干模态。在干模态中空气对结构模态的影响非常小，所以一般不考虑空气的影响。在耦合模态下分析消声器的声学性能，需要对消声器的结构做有限元分析，导入结构有限元模型。

用 ICEM 软件将消声器结构离散化，如图 6.7 所示。

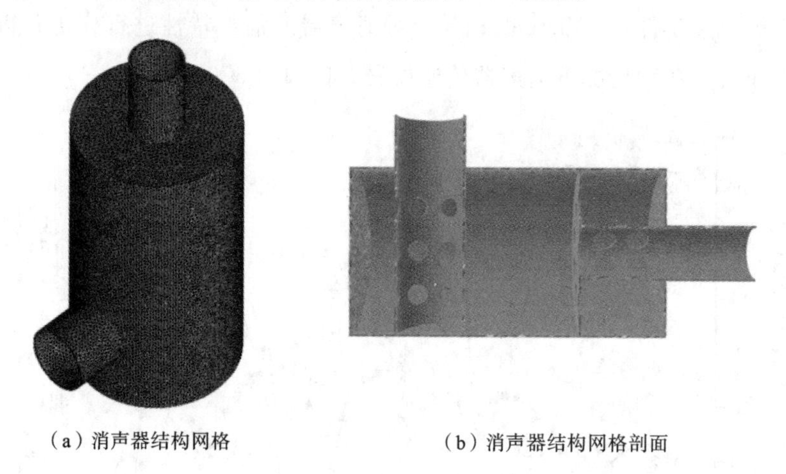

（a）消声器结构网格　　（b）消声器结构网格剖面

图 6.7　消声器结构网格图

由于消声器壁面厚度只有 1 mm，因此网格尺寸不能设置得过大，不然会导致网格质量下降，这里设置网格尺寸为 2 mm。图 6.7 中网格质量良好，但是由于网格尺寸比较小,因此消声器可计算的上限频率会下降。将网格导入声学软件中,定义结构属性,设置材料属性。材料属性参照表 6.1 设置。

表 6.1 材料参数

材料名称	弹性模量 E/GPa	切变模量 G/GPa	泊松比 μ	密度/(g/cm³)
镍铬钢、合金钢	206	79.38	0.25～0.3	7.80～7.85
碳钢	196～206	79	0.24～0.28	7.85
铸钢	172～202	0.3	0.25～0.29	7.8
球墨铸铁	140～154	73～76	73～76	6.6～7.4
灰铸铁	113～157	44	0.23～0.27	6.6～7.4
白口铸铁	113～157	44	0.23～0.27	7.4～7.7

本章计算模型所用消声器的材料为碳钢,因此导入网格后,定义结构材料,在软件中设置弹性模量为 2×10^{11} N/m²;泊松比设置为 0.266;密度设置为 7860 kg/m³。将材料属性赋予到结构的有限元网格上,可以查看其上限频率,如图 6.8 所示。

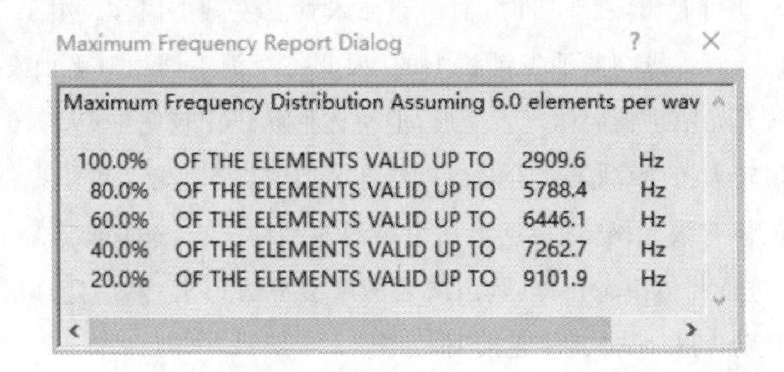

图 6.8 声学分析上限频率

从图 6.8 可看出,该模型最大计算频率为 2909.6 Hz。这是由消声器结构的有限元网格单元尺寸过小导致的。

定义单元组,然后给单元组定义结构约束。这里给消声器插入管入口定义单元组,并且对其 6 个自由度全部进行限制。计算前 50 阶的结构模态。选取其中开始变化较大的 1 阶、4 阶、6 阶、7 阶结构模态,如图 6.9 所示。

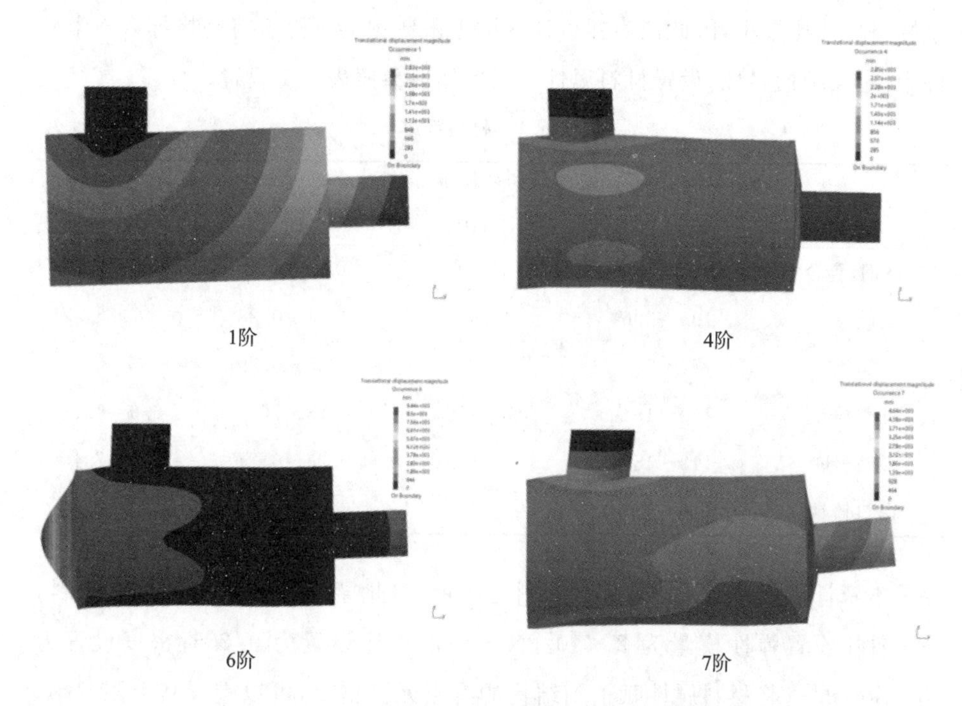

图 6.9　消声器各阶下的结构模态分析图

从图 6.9 可看出，在 1 阶时，消声器插入管发生微小偏移。由于整个消声器是通过插入管支撑在柴油发动机上的，因此整个消声器相对平面发生偏移，并从第 4 阶开始消声器腔体产生变形，但整体形状还比较完整；从第 6 阶开始，消声器发生较大扭曲，到第 7 阶时消声器各个部位均产生较大变形。

导入流体有限元网格，根据上述消声器的结构模态，选取消声器腔体底面为耦合面，进行腔体模态计算，其声阶云图可参考图 6.9。然后计算耦合模态，定义结构激励，可以求得其传递损失，如图 6.10 所示。

图 6.10 表明，在频率低于 2000 Hz 时，声-振耦合前后消声器传递损失曲线基本吻合，在频率高于 2000 Hz 后传递损失曲线发生偏移。这表明该消声器声学性能在低频段内受结构振动的影响不大。因为消声器材料为碳钢，不是弹性板，所以结构在激励源的作用下会发生微小变形，从而导致波在消声器内部的传播路径发生变化，当频率增大时尤为明显。

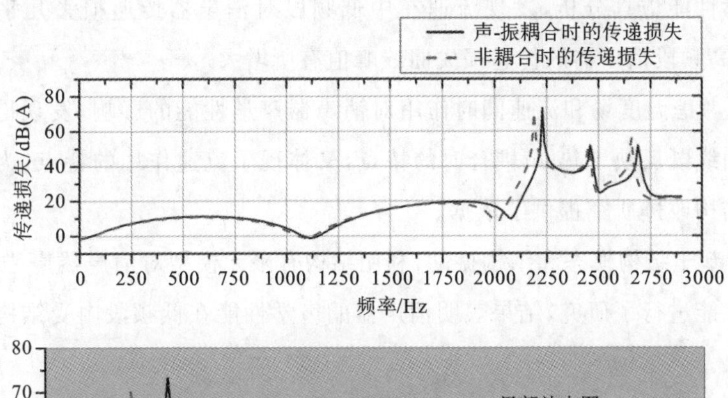

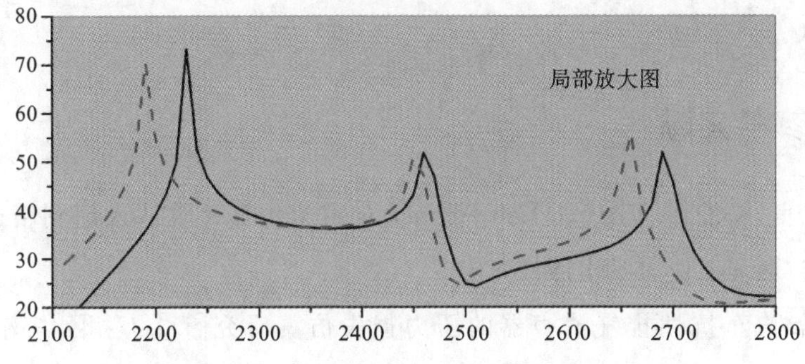

图 6.10 声-振耦合与非耦合时的传递损失对比

6.5 本章小结

本章对消声器的声学性能分析做了如下工作。

(1) 分别采用定义入口质点振速的方法和直接计算声功率的 AML 方法对消声器进行数值仿真分析,发现使用两种方法计算出的消声器传递损失曲线基本一致,但是使用 AML 方法来计算传递损失的步骤远少于定义质点振速的方法,可以减少仿真过程所用的时间,提高工作的效率。对数值仿真所得的消声器传递损失曲线进行分析,发现消声器在中低频段的消声效果不太理想,需要对其进行改进。

(2) 将流体仿真所得到的温度场作为边界条件导入 Virtual. Lab 中对消声器进行声学性能仿真分析,发现当在声学分析中考虑温度场的作用时,其传递损失曲线整体向高频方向移动,且每个拱形的宽度有所增加,每两个拱形峰值之间的频率间距相对增大。

(3) 将消声器内部流体的流速作为边界条件导入 Virtual. Lab 中对消声器

进行声学性能仿真分析，发现流速在中低频段对消声器传递损失几乎没有影响，而在高频段消声器的传递损失曲线峰值有所增大。

(4) 考虑温度场和流速同时作用对消声器声学性能的影响，发现得到的传递损失曲线既反映了热-声耦合时的特点，又体现了流速作用的特点，为后续消声器的结构改进研究提供了依据。

(5) 基于结构模态和结构振动，利用结构有限元模型对消声器声-振耦合下的声学性能进行了研究，结果表明消声器的声学性能在低频段内受结构振动的影响不大。

本章参考文献

[1] 詹福良，徐俊伟. Virtual. Lab Acoustics 声学仿真计算从入门到精通[M]. 西安：西北工业大学出版社，2013.

[2] 楚磊. 汽车抗性排气消声器的压力损失仿真研究[D]. 广州：华南理工大学，2012.

[3] 马大猷. 噪声与振动控制工程手册[M]. 北京：机械工业出版社，2002.

第7章 消声器结构优化及试验研究

本章通过发动机试验台架对排气消声器的声学性能和空气动力学性能进行研究，获取安装排气消声器前后排气噪声频谱特性和插入损失以及声压等数据。将消声器流场、声场的数值仿真分析结果与本章试验所得数据进行对比分析，验证排气消声器数值仿真结果的可靠性，并探寻排气消声器在性能上存在的不足，以便对排气消声器进行结构改进。本章所涉及的试验工作，严格按照国家标准 GB/T 4759—2009《内燃机排气消声器 测量方法》实施，且测试设备和试验条件均满足国家标准要求。

7.1 基于遗传算法的消声器结构优化

7.1.1 遗传算法的基本理论

1. 遗传算法的基本原理

遗传算法是一种利用计算机模拟达尔文进化论中关于在自然环境里生物进化过程适者生存理论而形成的一种全局寻优算法[1]。根据生物界进化过程中，各生物个体随着时间的推移逐渐淘汰掉不适应个体，择出优良个体；将此类比到全局可行数据行列内，可行数据列内每个数据（组）成为一个个体，利用计算机计算各数据（组）的适应情况，并据各数据（组）的适应情况，抛弃无优势数据，保存优势大的数据；参照自然界生物进化的时间推移，通过计算机进行多次循环计算，并且在各次计算之间采用依概率随机改变数据（组）的方法进行全局最优数据（组）搜索。在中小型农用柴油机排气净化消声器声学性能优化过程中，我们通过不断改变净化消声器的结构参数组合，来在合理的约束条件内寻找出传递损失最大的一组净化消声器结构参数。

在自然界中生物进化以生物染色体为载体，本质是染色体上的基因变化。在遗传算法中，需要将可行数据空间表示为类似染色体的基因串，将可行数据空间表示为计算机可识别处理的数据串，即编码；模拟生物进化中染色体上基因的交叉与变异，体现在计算机进行遗传算法的进程中即某编码对的一对不确定位置处代码的交换和某个编码的不确定位置处代码的改变。遗传算法具有并行性[2]，在自然界中生物进化是以种群为单位的，在使用遗传算法进行搜索寻优时以多个数据(组)同时计算来判断适应情况，实现并行计算，在某一代中数据(组)的个数即代表计算过程中的种群大小。对可行数据空间进行编码后，随机生成一定种群大小的初始种群，计算该初始种群的适应度值，挑选该种群内的编码进行交叉与变异操作，操作完成的种群即形成新的种群，继续判断新种群的适应度值，接着进行交叉与变异操作，周而复始，直至适应度值达到最高。将中小型农用柴油机排气净化消声器各个结构参数组合在一起即形成一个个体，多个个体间不断地交叉和变异，更新净化消声器结构参数，直至寻找到最优结果。

2. 遗传算法的基本操作

遗传算法是一种模拟生物进化的搜索寻优算法，在遗传算法进程中继承了生物进化的核心部分，即选择、交叉和变异等部分。图 7.1 所示为函数寻优的遗传算法框图，每进行一次选择、交叉和变异即更新一次种群内容。

1) 决策变量编码与解码

对可行数据空间内的数据编码，一般采用二进制编码[3,4]。二进制编码串能较好地模拟生物染色体上的基因，编码简单，并且在计算机进程中，计算机以二进制处理数据。二进制编码串的长度决定了可行数据空间的大小和计算精度。

如果求解空间里某个维度的决策变量 X 的可行区间为$[X_1, X_2]$，要求计算精度为 e，采用二进制编码，根据公式(7.1)，决策变量 X 的编码 x 的长度为 b。对于多维度求解空间，分别对各个维度的决策变量进行编码后再组合，形成求解空间内一个个体，遗传算法在某一代内计算时计算单位是个体。

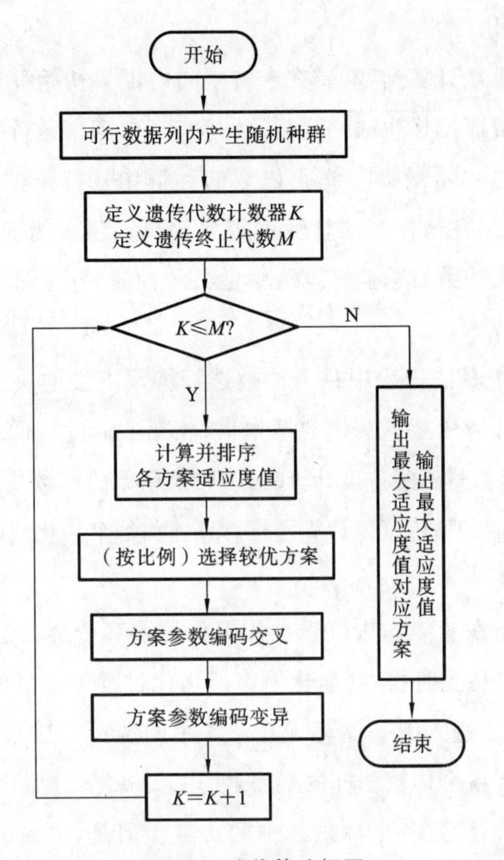

图 7.1 遗传算法框图

$$2^a \leqslant \frac{X_2 - X_1}{e} \leqslant 2^b \tag{7.1}$$

在对个体适应性进行计算时，需要将二进制编码串进行解码，对应的解码公式如式(7.2)所示。由于编码长度为 b 的编码 x 的精度一般略大于 e，因此在对 x 进行解码时不能依 e 计算，应重新计算。

$$X = X_1 + \left(\sum_{i=1}^{b} x_i \cdot 2^{i-1}\right) \times \frac{X_2 - X_1}{2^{i-1}} \tag{7.2}$$

在对中小型农用柴油机排气净化消声器进行优化时，将各个结构参数变量的取值以二进制形式表示，在种群内以二进制形式进行交叉和变异操作，在计算声学性能时，再将二进制转换为十进制，计算各结构参数组合下净化消声器的传递损失。

2）种群初始化

在使用遗传算法计算前，需要在求解空间内定义初始种群，设置种群规模，即在定义初始种群时随机生成一定规模的个体；在算法运行中经过逐代遗传操作，不断更新种群内容，最终在终止代数的种群中选择出适应性最高的个体。针对消声器的设计，在遗传算法计算前需要随机产生多组净化消声器方案，其中净化消声器方案的数目为遗传算法中定义的种群大小。

3）适应度计算

适应度在遗传算法进程中是个体被选择继承下去的决策依据，适者生存，适应度值高的个体遗传至下一代的概率大，相反适应度值低的个体被淘汰的概率大。在对目标函数进行适应度计算时，一般采用原始函数或原始函数的基本变形。优化时，消声器的适应度值计算是指计算评估每个净化消声器的消声性能。

4）选择操作

选择操作是指在遗传算法进程中依据种群内各个体的适应度值采用一定的方法选择个体来更新种群，在净化消声器优化过程中选择消声性能较好的净化消声器方案，使之进入下一循环计算。常用的选择方法是按比例选择，按各个体适应度值分配各个体被选择的概率，使用 rand 函数随机生成 0 到 1 之间的数值，依该随机数值确定各个体被选中的次数。但是，单纯的按比例选择对个体适应度值的正负和数值差异有依赖性，而且无法很好地体现个体竞争力。基于排序的按比例选择有较好的独立性和高效性，即首先对个体按适应度大小依降序排列，根据各个体的序号进行按比例选择。在每代的交叉和变异过程中可能会破坏最优个体，因此在按比例选择时采用最优个体替换原则，即在此代交叉、变异完成后，计算此代种群内个体适应度值，个体以适应度值排列，如果此代种群最优个体的适应度值小于或等于上一代最优个体的适应度值，用上一代的最优个体替换此代中的相应个体。

5）交叉操作

交叉操作是种群更新的主要方式。在遗传算法进程中，根据概率随机选择多对个体的编码串，将所选择的个体对上的某一对应位置上的编码互换，即完成一对染色体交叉操作，产生新的个体。在所有生成的净化消声器结构方案间，将结构参数变量以二进制形式进行代码间随机节点交叉，交叉概率一般设置在区间[0.1,0.8]上。

6）变异操作

变异操作也是更新种群的一种方法，为新个体的产生提供了机会，更重要的是变异操作增强了遗传算法的全局搜索能力，可抑制早熟。在遗传算法进程中，依概率选择个体编码串，对所选择的编码串上的编码进行无指向突变。根据各净化消声器结构参数变量的二进制代码，在整个种群内，依概率在净化消声器方案对应的结构参数二进制代码中随机产生突变，变异概率一般设置在区间[0.005,0.01]上。

7.1.2 消声器优化目标与优化条件

排气净化消声器的优化是对影响净化消声器性能较为显著的结构参数进行优化，从而在满足安装尺寸和结构性能的前提下，使净化消声器消声性能达到最佳状态。在进行优化前需要给出合理的目标以及优化进程中的约束条件，并将优化目标和约束条件转化为相应的数学模型。

1. 目标函数的设计

排气净化消声器的优化设计一般需要综合考虑声学性能、空气动力学性能和结构性能，在总体结构已定的情况下，设计者主要考虑声学性能。声学性能的改善必然会导致空气动力学性能的降低，反之，空气动力学性能的改善必然会导致声学性能的降低。此外，在优化过程中必须要考虑排气净化消声器实际安装空间的限制。

排气净化消声器优化设计中优化目标函数的确定需要结合实际测得的柴油机排气噪声特性及排气净化消声器的消声特性。如果只追求排气净化消声器总消声传递损失量最大化，容易出现在部分频率范围内的排气噪声降噪值过低的现象，甚至在一些人们所关心的频率范围内出现较多的通过频率。因此在设计优化目标时，结合柴油机排气噪声频谱，以排气噪声声压值较大的频率范围的总传递损失平均值的最大化为目标。通过对柴油机排气净化消声器的传递损失以及柴油机在安装排气净化消声器情况下的排气噪声进行研究发现，在500～1250 Hz低频段范围内，柴油机的排气噪声声压值较大，且该频段内排气净化消声器的传递损失较小，故选择500～1250 Hz频段内的传递损失总量的平均值进行优化,使其(近似)最大化。

声学性能的目标函数为

$$\mathrm{OBJ}=\max\left(T_{\mathrm{L\_avg}}\Big|_{f_1}^{f_2}\right)=\max\left(\frac{1}{f_2-f_1}\cdot\sum_{f=f_1}^{f_2}T_{\mathrm{L}}\right) \tag{7.3}$$

式中:T_{L} 表示传递损失,dB(A);

f 表示频率,$f_1=500$ Hz,$f_2=1250$ Hz。

2. 优化变量及约束条件

对于确定的净化消声器基本结构,我们只能根据实际问题,将一些对消声器性能影响较为显著的结构参数选为优化变量。根据消声器结构尺寸的要求,确定这些参数的范围,通过编程计算对参数进行优化,而不能对所有的参数都进行优化。

在本书所需要进行的优化中,排气净化消声器的总体结构是确定的,只需要对净化消声器参数进行优化设计。将对消声性能影响较大的结构因子参数作为优化时的设计变量,将对消声性能影响较小的结构因子参数作为定量处理。对于含有穿孔管的消声器,其穿孔管上的穿孔数和穿孔直径对消声器的消声性能影响较大。穿孔直径的减小可增加其消声量,特别是在低频段的消声量,但是不宜过小,否则气流流经小孔过程中易产生较大的再生气流噪声,不仅无法达到降噪效果,反而会增加噪声值,更重要的是对排气流动压力有负面影响。当穿孔率在一定的取值范围内时,随着穿孔率的增大,消声效果增强,但是当穿孔率增大至一定程度后,消声效果不再继续增强,此时若继续增大穿孔率,则会使消声效果减弱。穿孔率由穿孔直径、穿孔数和穿孔管长度决定,消声器的第一腔室主要对中、低频段内噪声起降噪消声作用,其容积大小对消声量有重要影响,而本书所需要优化的排气净化消声器的频率范围正是在中频段内。根据排气净化消声器穿孔直径、穿孔数、穿孔管长度和第一腔室长度的正交试验方差分析,穿孔直径、穿孔数、穿孔管长度和第一腔室长度对 500～1250 Hz 频段内的传递损失均有较显著的影响。消声器总体尺寸确定,即消声器腔体总长与直径作为定量,进气管和出气管直径作为定量。根据试验研究可知,净化消声器中泡沫陶瓷具有较好的净化性能,满足净化要求,而在中小型农用柴油机排气净化消声器优化过程中需辅以净化功能,提高消声性能,因此泡沫陶瓷参数也可作为定量。本书选择的优化变量有穿孔管的穿孔直径、穿孔数、穿孔管长度和第一腔室长度。

根据排气净化消声器结构图，保证净化消声器总体积不变，考虑排气净化消声器内部结构因子的经验设计参数范围，对设计变量进行约束。穿孔直径 d_a 的范围为 4～12 mm；为了保证排气压力不会对柴油机工作性能产生较大影响，进气穿孔管的穿孔数 $N \geqslant 57$，同时因为穿孔率小于 1，需要对穿孔数进一步用不等式约束；穿孔管长度 L_5 的范围为 50～100 mm；排气净化消声器第一腔室长度 L_1 的上下限分别为 120 mm 和 90 mm，同时要保证 $L_5 < L_1$。消声器不属于超精密零部件，对加工精度的要求不是特别高，因此在优化过程中，对各结构尺寸变量约束为整数，精度达到毫米级别即可。

约束条件整理后为

$$\begin{cases} 4 \leqslant d_a \leqslant 12 \\ 57 \leqslant N < \dfrac{120 \cdot L_5}{d_a^2} \\ 50 \leqslant L_5 \leqslant 100 \\ 90 \leqslant L_1 \leqslant 120 \\ L_5 < L_1 \\ (d_a, N, L_5, L_1) \in \mathbf{Z} \end{cases} \tag{7.4}$$

在遗传算法搜索寻优过程中，由于优化目标是频段内平均传递损失最大，适应度采用目标函数公式(7.3)计算。

7.1.3　排气消声器参数优化

根据图 7.1 所示的遗传算法框图和关于遗传算法实现的描述，编制排气净化消声器优化时所用到的所有遗传算法函数及相应程序，包括编码、解码、种群初始化、适应度值计算、交叉、变异和遗传算法运行主程序。

设置排气净化消声器优化参数时，主要涉及种群大小、交叉操作概率、变异操作概率和迭代终止条件。设置种群大小时，如果设置过大会增加适应度计算量，导致收敛速度降低，但是如果种群设置太小，则易引起局部收敛，得到局部(近似)最优，本书计算时取种群大小为 10。交叉操作概率的设置决定着种群中新个体产生的速度，交叉操作概率越高，新个体产生越快，交叉操作概率过低则会导致迭代次数增加，而且易引起搜索阻滞，一般取交叉操作概率为0.1～0.8，本书计算时设置交叉操作概率为0.8。变异操作可以保持群体的多样性，变异操作概率太小，可能使某些基因位过早丢失的信息无法恢复，若变异操作概率太大，则优化过程将变为随机搜索，失去了遗传算法的意义，一般取变异操作概率为0.005～0.01，本书计算时取变异操作概率为0.01。当遗传代数达到300时，终止计算，观察遗传迭代进程中适应度值变化曲线，如图7.2所示。

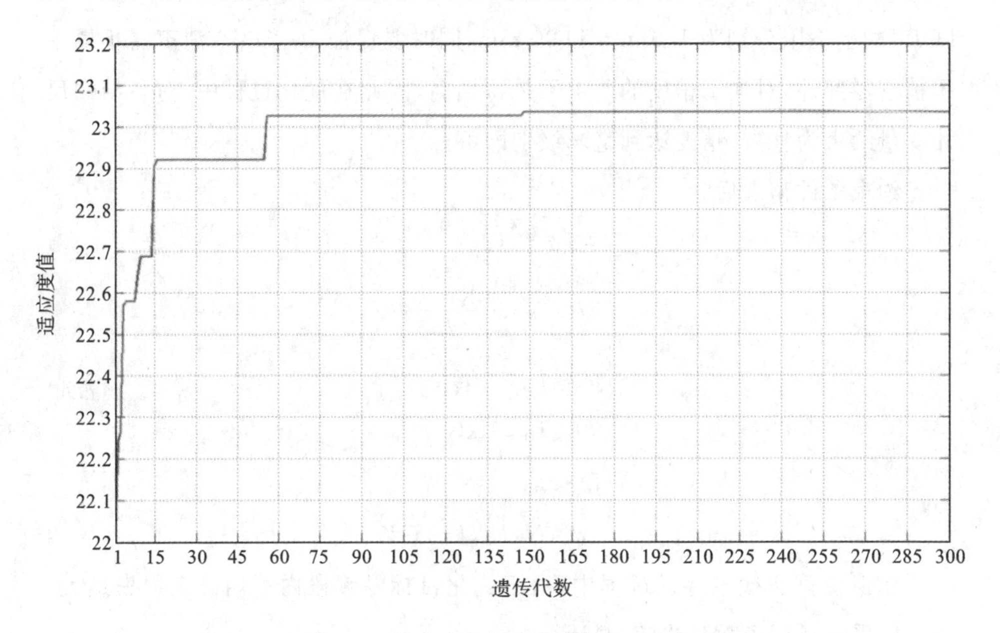

图7.2　适应度值与遗传代数关系曲线

从图7.2可得出，在遗传代数达到148代时适应度值全局最优，此时适应度值为23.0347，即排气净化消声器在500～1250 Hz频段内的平均传递损失达到23.0347 dB(A)。程序运行结束后得到最优个体，即优化后的消声器结构参数变量值，如表7.1所示。

表7.1　优化后的消声器结构参数变量值

尺寸	穿孔直径 d_a	穿孔数 N	穿孔管长度 L_5	第一腔室长度 L_1
二进制	0100	1000100	1100100	1110111
十进制	4 mm	68个	100 mm	119 mm

7.2 试验目的及意义

通过发动机台架试验获取在安装排气消声器前后消声器的插入损失和耗油率以及发动机排气噪声的频谱，分析排气消声器对发动机排气噪声的降噪效果，验证排气消声器数值仿真结果的可靠性，并探寻排气消声器在性能上存在的不足，以便对排气消声器进行结构改进。

为了得到柴油机的排气噪声频谱以及原消声器和新型净化消声装置的排气噪声，需进行噪声测试；为了验证泡沫陶瓷的微粒净化效果，需进行烟度测试；为了收集油耗、功率损失数据，还需进行动力性、经济性测试。最后通过台架试验结果与数值仿真结果的对比，验证新型净化消声装置的可行性。

7.3 试验原理

(1) 为降低试验成本，选择柴油机负荷特性(又称燃油调整特性)作为试验考察对象，主要从经济性方面来评价试验效果。

(2) 由于传递损失与插入损失是从不同方面反映排气消声器的声学性能的，但是测量传递损失需要专门的设备，而测量插入损失比较容易，且具有较好的实际效果，因此本书选择插入损失作为测量对象。

(3) 测量不安装排气消声器时的噪声，采用等长等径空管代替消声器；测量方法选择空间五点法，确保测点在与排气口气流的轴向成45°的方向上，距离为1 m，并保证测点和排气口的相对位置不变。

7.4 试验台架系统设计

搭建的试验台架如图7.3所示，主要包括单缸柴油机、电涡流测功机、VFG112M三相变频电机、FC2000测控系统、HS5670B型平均声级计、HS5731 1/3倍频程滤波器、消声器等。

7.4.1 发动机测控系统

本试验中所使用的发动机测控系统为FC2000测控系统，其操作面板如图

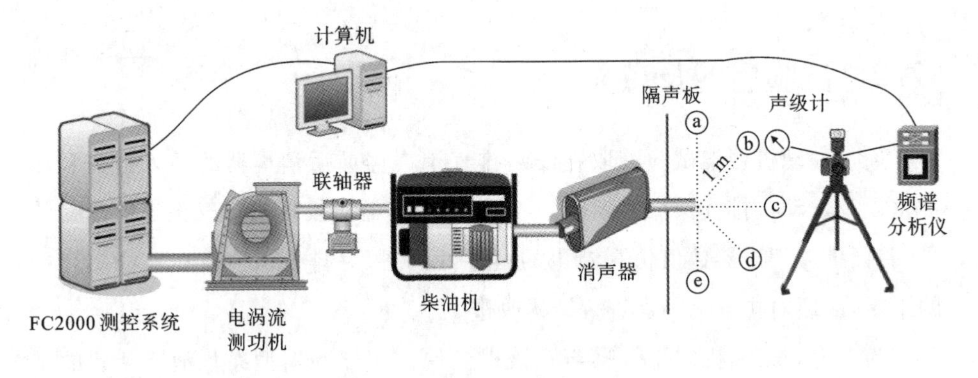

图 7.3　试验台架组成示意图

7.4 所示。FC2000 测控系统的测控结果可直接显示在计算机显示屏上，可以通过 M 旋扭设置柴油机的转矩、n 旋扭设置柴油机的转速、P 旋钮设置油门位置。FC2000 测控系统有 M/n、M/P、n/P、n/M、P1/P 五种模式：M/n 是恒定转矩、恒定转速模式，M/P 是恒定转矩、油门恒定位置模式，n/P 是恒定转速、油门恒定位置模式，n/M 是恒定转速、恒定转矩模式，P1/P 是测功机恒定位置、油门恒定位置模式。本章在柴油机的稳定工况下进行试验，选用 M/n 模式。图 7.5 所示为试验中发动机测控系统实物图，图 7.6 所示为测控系统的显示屏，显示屏上可实时显示柴油机的各项监测数据。

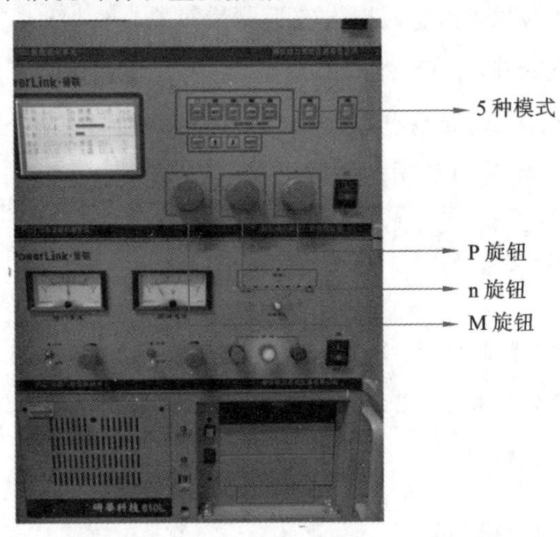

图 7.4　FC2000 测控系统操作面板图

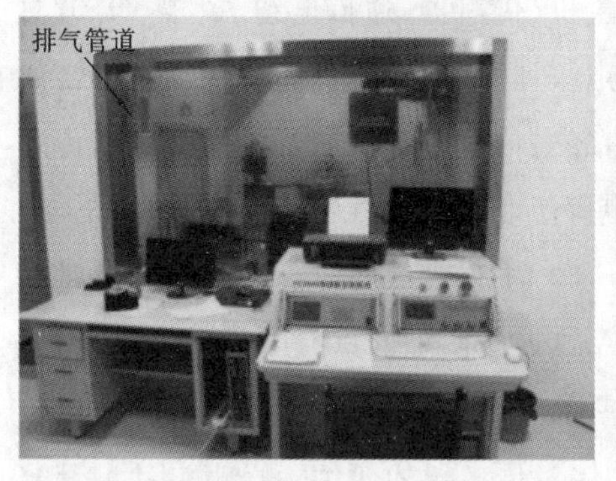

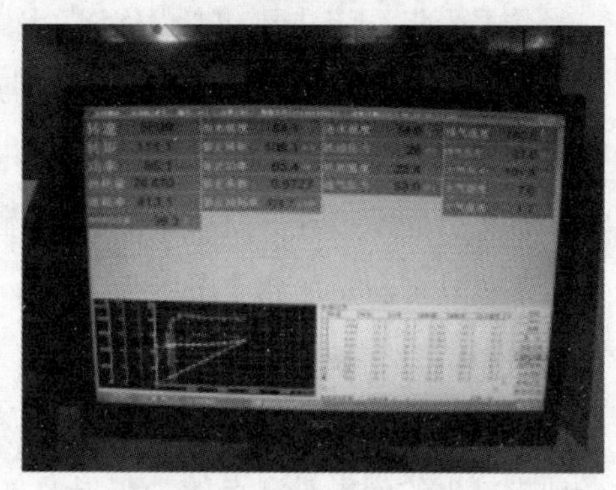

图 7.5 发动机测控系统实物图

图 7.6 测控系统的显示屏

7.4.2 数据采集系统

测量柴油机排放的尾气噪声时，将排放的尾气通过管道排放到实验室外，把传声器的高度调整到与排气口高度一致，并处于与排气管气流的轴向成 45°的方向上，测点距离地面高度为 1 m，声级计的布置如图 7.7 所示。试验分别在柴油机转速为 1200 r/min、1600 r/min、2000 r/min、2400 r/min，转矩为 2 N·m、6 N·m、10 N·m、14 N·m 的稳态工况下进行。

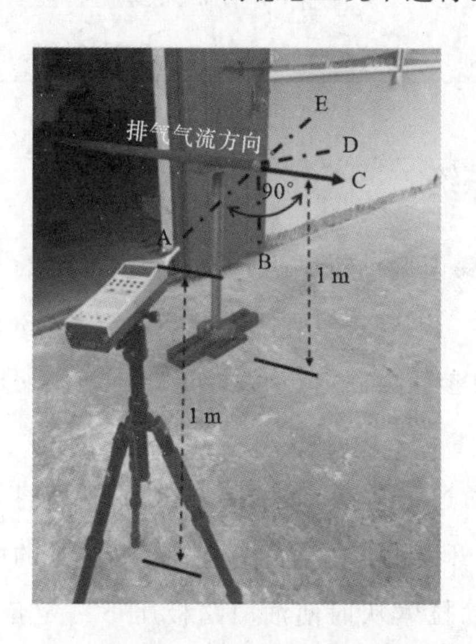

图 7.7 声级计的布置

数据采集系统主要包括 HS5670B 主机、传声器、通信电缆、风罩、HS5731 滤波器、专用微型打印机。HS5670B 型声级计测量动态范围大，并且具有自动存储测量数据的功能，通过 RS232C 串口经通信电缆可将测量的噪声数据传入计算机中。此声级计广泛用于船舶、车辆等工业噪声测量和环境噪声测量。

声级计可测量的频率范围为 10 Hz～20 kHz，灵敏度为 50 mV/Pa，分辨率为 0.1 dB(A)。使用 HS6020/HS6020Aa 声校准器(1000 Hz，94 dB(A)/114 dB(A))校准。在对噪声进行测量的过程中，传声器上的防风球可以有效防止柴油机排出的废气对测点的冲击以及气体对传声器的腐蚀。噪声自动测量分析系统由 HS5670B 型声级计外接滤波器和专用微型打印机组成，可对噪声自动进行频谱分析，并经 RS232C 串口将结果输送至计算机中。排气噪声数据采集系统的测量设备如表 7.2 所示。

表 7.2　排气噪声数据采集系统的测量设备

名称	设备型号	特点
声级计	HS5670B 型	测量动态范围大、液晶数显、自动存储数据
串口	RS232C	传输结果到计算机中
滤波器	HS5731	性能符合 GB/T 3241—2010
计算机	台式	lntel(R) Core(TM)i7-970OK CPU

7.4.3　试验台架系统

试验台架系统主要由柴油机、联轴器、测功机组成。联轴器连接发动机与测功机，如图 7.8 所示。试验台架所使用的柴油机是 186FA 单缸柴油机，为单缸风冷直喷式，其主要参数为额定功率、标定转速和压缩比，具体参数如表 7.3 所示。

在进行试验时，通过 FC2000 测控系统来调节气门开度。首先测控系统执行器发出调节气门开度的信号，然后油门执行器中的电机随之旋转一个角度，电机的转动会拉动拉索从而使油门踏板压下一定角度，这个角度通过传感器发送给电控单元(ECU)，ECU 控制气门转动一定的角度，实现气门开度的调节。

图 7.8 试验台架系统

表 7.3 186FA 单缸柴油机的具体参数

项　目	规　格
型号	186FA
形式	单缸风冷、直喷、四冲程
额定功率/kW	6.8
标定转速/(r/min)	3600
缸径×行程/(mm×mm)	86×76
总排量/L	0.441
压缩比	17.52
最大转矩/(N·m)	≥20.6
最大转矩转速/(r/min)	≤2750

7.5 试验数据采集及结果分析

首先，搭建好试验台架、布置好噪声测试仪器（见图 7.9、图 7.10），依次检查和调试各个设备。预热好柴油机后通过 FC2000 测控系统分别将柴油机调整到试验需要设定的每一个测试工况（见图 7.11），使柴油机转速从 1200 r/min

开始，以 400 r/min 的间隔递增，直到 2400 r/min 为止。相应的转矩从 2 N·m 开始，以 4 N·m 的间隔递增，直到 14 N·m 为止。在试验过程中，其余试验参数如温度、压力等要符合测量要求，每一次数据采集需要等到柴油机运转稳定后才能进行(见图 7.12)。

图 7.9　试验台架搭建

图 7.10　噪声测试仪器布置

图 7.11　发动机测控界面

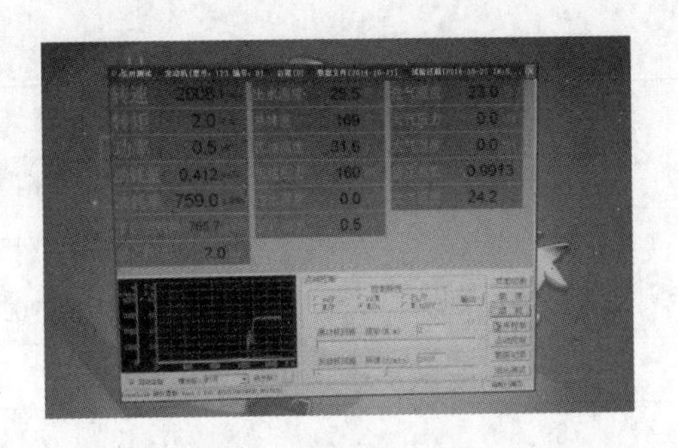

图 7.12　数据采集界面

然后，分别测量安装空管（与消声器长度相等）和消声器时排气端口处噪声的声压级和频谱，在此过程中，需要同步对噪声信号数据进行采集和记录。第一次数据采集完成后应保证柴油机在怠速的工况运行一到两分钟，再将柴油机调整到进行第一次测量时的工况，待其运行到稳定状态后再进行第二次数据采集。若两次所采集到的数据差值大于 2 dB(A)，则需要按照同样的方法重新测量，直到差值不大于 2 dB(A)为止。数据采集完成后，运用 Lauta（拉依达）法则对数据进行处理以保证数据的可靠性。

最后，在柴油机停止运转后，测量背景噪声和频谱，此时应保证室外风速小于 1.5 m/s，以满足测试环境要求[5]。

柴油机排气噪声数据的采集均在室外进行，测得试验时的环境噪声为 48.7 dB(A)，风速小于 1.5 m/s，满足测试环境的要求。而发动机的排气噪声在 90 dB(A)左右，远大于环境噪声，因此不需要修正测试所得的数据结果。表 7.4 所示为测试柴油机在不同转矩、不同转速下，安装空管与消声器两种状态下的性能参数对比。

表 7.4　安装空管与消声器两种状态下的性能参数对比

柴油机转速	声压级/dB(A)			耗油率/(g/(kW·h))		
/(r/min)	空管	消声器	插入损失	空管	消声器	耗油率损失
转矩(2 N·m)						
1200	88.55	87.57	0.98	735.54	754.27	18.73
1600	89.97	89.02	0.95	705.97	698.85	−7.2

续表

柴油机转速	声压级/dB(A)			耗油率/(g/(kW·h))		
/(r/min)	空管	消声器	插入损失	空管	消声器	耗油率损失
2000	93.24	91.03	2.21	698.98	723.38	24.4
2400	96.54	92.10	4.44	710.87	702.58	−8.29
转矩(6 N·m)						
1200	92.39	89.00	3.39	397.48	414.83	17.35
1600	92.03	90.12	1.91	341.68	344.70	3.02
2000	96.34	91.64	4.70	327.64	342.98	15.34
2400	101.13	92.86	8.27	326.41	342.03	15.62
转矩(10 N·m)						
1200	90.16	88.46	1.7	321.87	329.62	7.75
1600	91.06	89.75	1.31	270.54	275.20	4.66
2000	94.85	91.48	3.37	264.70	277.00	12.30
2400	99.37	92.71	6.66	279.43	271.38	−8.05
转矩(14 N·m)						
1200	92.95	88.80	4.15	272.93	280.77	7.84
1600	93.27	91.21	2.06	245.66	257.26	11.60
2000	103.11	93.55	9.56	252.98	251.13	−1.85
2400	109.39	95.90	13.49	256.04	259.48	3.44

7.5.1 频谱分析

在柴油机转矩为 14 N·m、转速为 2400 r/min 工况下，运用频谱分析仪分别对排气管末端安装空管和安装消声器时噪声的 1/3 倍中心频率声压进行测量，得到中心频率声压数据(见表 7.5)和频谱图(见图 7.13)。

表 7.5 中心频率声压数据

中心频率/Hz	空管声压级/dB(A)	消声器声压级/dB(A)
25	83.53	81.57
31.5	78.93	75.73

续表

中心频率/Hz	空管声压级/dB(A)	消声器声压级/dB(A)
40	84.40	82.07
50	86.07	76.17
63	85.20	80.39
80	86.33	76.67
100	87.70	82.33
125	89.70	85.53
160	88.17	80.67
200	85.00	77.67
250	84.40	75.93
315	85.93	78.43
400	84.67	77.97
500	81.07	76.53
630	79.50	74.90
800	80.37	79.60
1000	82.83	81.87
1250	83.90	81.97
1600	80.90	81.20
2000	78.13	77.33
2500	78.83	77.97
3150	78.80	76.53
4000	75.67	74.80
5000	73.93	74.57
6300	73.07	72.13

根据表 7.5 及图 7.13 所示的柴油机噪声频谱图，可以看出试验所得两条曲线的走向基本相同，且该柴油机排气噪声的 1/3 倍中心频率声压主要集中在 10～3000 Hz 的中低频段范围内。根据安装空管所得的曲线走向，可以发现柴油机排气噪声在中低频段的声压级比较高，且总体趋势是随着频率的增加声压

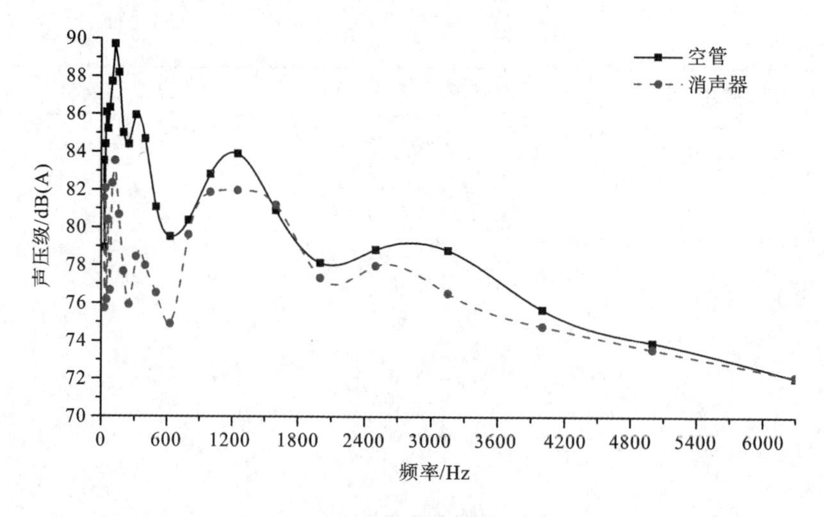

图 7.13　频谱图

级逐渐降低;而在安装消声器后,该柴油机在低频段范围内的 1/3 倍中心频率处声压级有一定程度的降低,这说明该消声器在低频段有效地降低了柴油机的排气噪声。但将两条曲线进行对比分析,可以发现该消声器在 10～3000 Hz 频率范围内的消声效果不是很好,特别是在 700～2500 Hz 频率范围内消声效果比较差。该试验所得结论与对消声器进行声学仿真所得的结论比较接近,间接地验证了声学仿真的可靠性。以上的频谱分析结果可以为后续排气消声器的结构改进提供一定的参考依据,即对排气消声器结构的改进应主要关注中低频段的改进效果。

7.5.2　声压分析

由表 7.4 可知,柴油机在不同转矩、不同转速的状况时,排气消声器的插入损失会有所不同。当转速固定在某一个定值时,随着柴油机的转矩增加,各试验所得的声压级大致呈上升趋势;当转矩固定为某一定值时,随着柴油机的转速的增加,各试验所得的声压级也会相应地增大。但是在安装空管状态下当柴油机所输出的转矩为 6 N·m 时,柴油机在转速为 1200 r/min 时的声压级比其转速在 1600 r/min 时的声压级要高 0.36 dB(A),造成这种现象的原因是在该载荷下的试验过程中,发动机处于不稳定状态,发动机产生了机械振动噪声,从而导致数据不正常。当柴油机的转矩为 2 N·m、转速为 1600 r/min 时，排气消声器的插入损失最低，为 0.95 dB(A)；当柴油机的转矩为 14 N·m、转速为 2400 r/min 时，排气消声器的插入损失最高，为 13.49 dB(A)。当柴油机的转矩为 2 N·m 时，排气消声器的平均消声量最低，为 2.15 dB(A)左右；当柴油机的转矩为 14 N·m 时，排气消声器的平均消声量最高，为 7.32 dB(A)左右。可以看出，该排气消声器的平均消声量偏低，具有较大的改善空间。

7.5.3　耗油率分析

综合表 7.4 可以看出，发动机的耗油率随着转速的增加呈现先降低后上升的趋势，符合柴油机耗油率从高到低再到高的规律。表 7.4 所呈现的规律跟柴油机的燃烧特性基本保持一致。相对柴油机排气管末端安装空管来说，装有排气消声器时柴油机在不同转矩和不同转速下的耗油率总体上均较大，这说明在安装排气消声器后柴油机的排气背压增加，压力损失增大。而其中当柴油机转矩为 2 N·m，转速为 1600 r/min、2400 r/min 时，柴油机的耗油率损失分别为 −7.2 g/(kW·h)、−8.29 g/(kW·h)；当柴油机转矩为 10 N·m、转速为 2400 r/min 时，柴油机的耗油率损失为 −8.05 g/(kW·h)；当柴油机转矩为 14 N·m、转速为 2000 r/min 时，柴油机的耗油率损失为 −1.85 g/(kW·h)，造成这种现象的原因可能是消声器的理论空气流通面积略大于未安装消声器(使用的空管)时的，从而相对空管来说，柴油机的尾气相对较少。

7.6　本章小结

本章以消声器为研究对象，通过发动机试验台架对排气消声器的声学性能和空气动力学性能进行研究，详细介绍了试验台架的组成、试验的基本步骤以及数据采集过程。通过采集柴油机在安装排气消声器前后的排气声压以及噪声的 1/3 倍中心频率声压，绘制相关图表并分析相应数据，发现排气消声器在中低频段的平均消声量偏低，具有较大的改善空间；通过分析消声器排气噪声的频谱，发现柴油机的排气噪声的中心频率声压主要集中在 10～3000 Hz 的中低频段内，间接验证了消声器声学仿真分析的可靠性，为后续排气消声器的结构改进提供了一定的参考依据。

本章参考文献

[1] Hermawanto D. Genetic algorithm for solving simple mathematical equality problem[J]. Computer Science, 2013.

[2] 马永杰，云文霞. 遗传算法研究进展[J]. 计算机应用研究，2012，29(4)：1201-1206.

[3] 周明，孙树栋. 遗传算法原理及应用[M]. 北京:国防工业出版社,1999.

[4] 苑士义，撒力. 基本遗传算法设计及改进[J]. 微计算机信息，2011(12)：133-135.

[5] 张凯,王瑞金,王刚. Fluent 技术基础与应用实例[M]. 北京:清华大学出版社,2010.

第 8 章
消声器声学单元影响规律研究

8.1 消声器入口端对声学性能的影响

为了适应排气系统尾部的空间布局,现在大多数成品消声器的进气插入管制作成侧置和底置两种形式。为了研究消声器进气入口位置对声学性能的影响,设计了两种消声器腔体模型,如图 8.1 所示,模型 a 的进气入口置于腔底,模型 b 的进气入口置于腔体侧面。两个模型的腔体内部长度相同,均为 140 mm;腔体内部直径相同,均为 80 mm,分别对这两种消声器做了相应的传递损失仿真分析。

(a) 模型a(进气入口置于腔底)

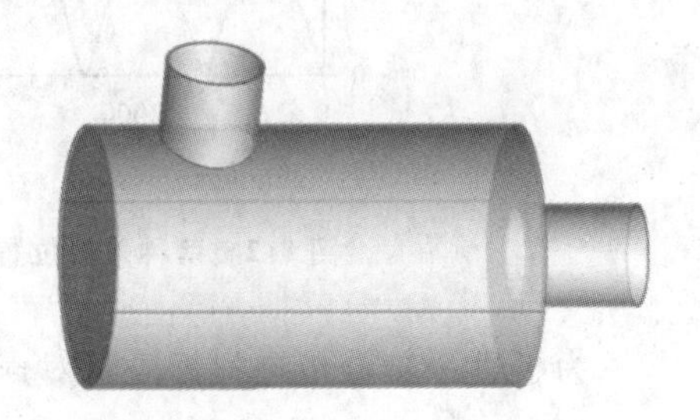

(b) 模型b(进气入口置于侧面)

图 8.1 进气入口位置分布示意图

图 8.2 所示为两种消声器的传递损失对比。入口端置于腔底(模型 a)的消声器的传递损失变化曲线呈现规律性的变化,在 5000 Hz 以内表现尤为明显,传递损失最高峰和最低谷呈现周期性的变化规律;在高于 5000 Hz 后传递损失极速上升,并达到在整个频段内的最大值,接近 52 dB(A);在高于 5400 Hz 后,消声器失去消声作用,只在少数频率点有消声效果。这表明此种消声器入口端

设置类似于抗性消声器中的亥姆霍兹共振腔，在低频段具有较好的消声性能，在高频段消声效果欠佳。入口端置于侧面（模型 b）的消声器的传递损失变化曲线较入口端置于底面的消声器的传递损失变化曲线，其变化更复杂，在整个频段内都存在一定的消声效果，尤其是在 1200～3700 Hz 的低频区间内传递损失比较大，此区间内存在 3 处共振峰，传递损失达到峰值，最大值达到 55 dB(A)。在 1200 Hz 处存在通过频率，传递损失为 0 dB(A)；高于 3700 Hz 后，传递损失变化更加复杂，出现了大量的共振峰，也存在很多通过频率，相邻的频率间隔间传递损失差值变化大。

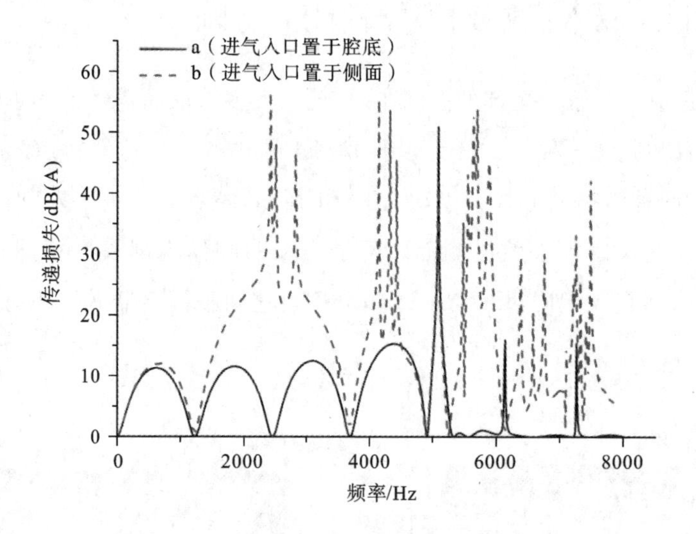

图 8.2　两种入口位置的消声器的传递损失对比

为了进一步分析进气插入管对声学性能的影响，将进、排气管延长至插入腔体内，在管上穿孔，并在腔体末端加入穿孔隔板，参照原消声器腔体结构建立了两种模型，如图 8.3 所示。其中模型 A 的进气内插管置于腔底，模型 B 的进气内插管置于腔体侧面。两者插入腔体的长度相同，均为 80 mm；进气内插管上穿孔率与穿孔布局方式相同。

图 8.4 所示为两种消声器腔体对应的传递损失对比。此外，还分别将入口端置于腔体底面的 a 型消声器模型（无进气内插管）和 A 型消声器模型（有进气内插管），入口端置于腔体侧面的 b 型消声器模型（无进气内插管）和 B 型消声器模型（有进气内插管）的传递损失做了对比分析，如图 8.5 所示。

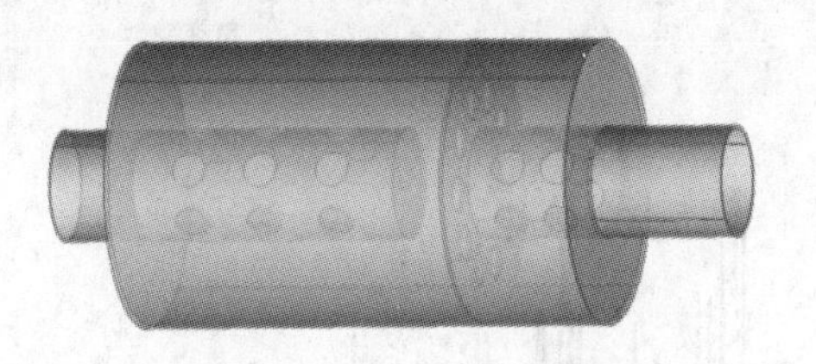

（a）模型A（进气入口置于腔底）

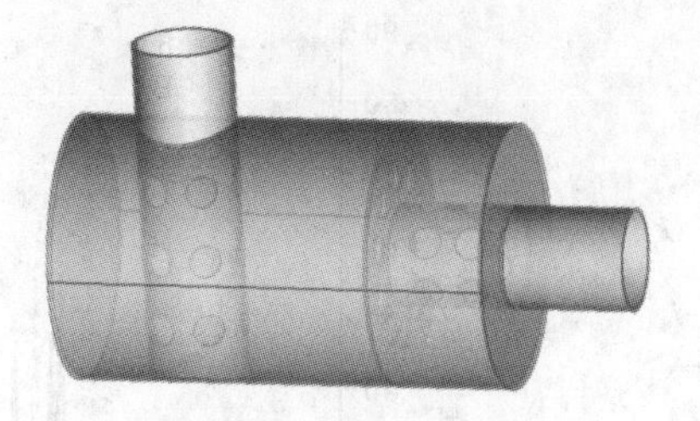

（b）模型B（进气入口置于侧面）

图 8.3　消声器进气内插管位置示意图

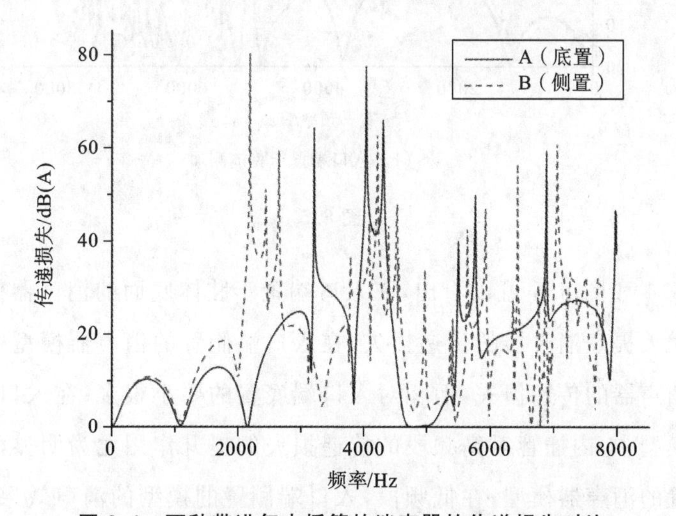

图 8.4　两种带进气内插管的消声器的传递损失对比

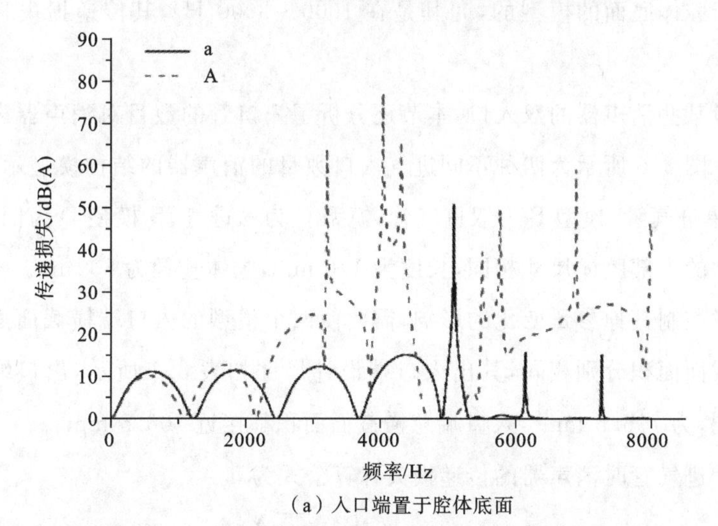

（a）入口端置于腔体底面

图 8.5　不同进气入口形式的消声器的传递损失对比

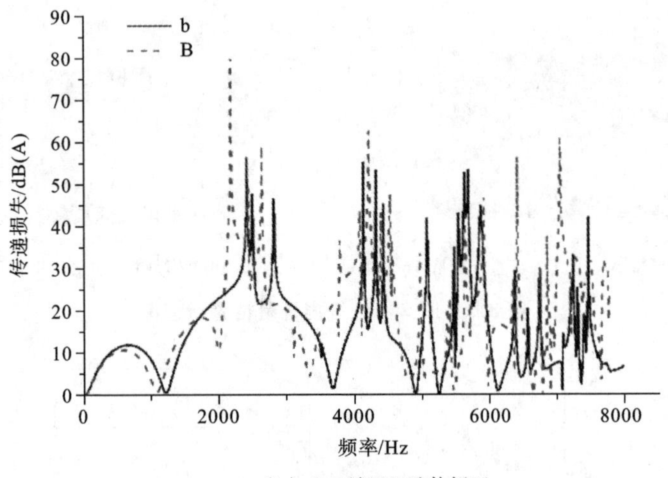

（b）入口端置于腔体侧面

续图 8.5

从图 8.4 和图 8.5 可以看出，在入口端置于腔体底面的消声器模型中，内插管可以大大提高消声器的传递损失，在入口端侧置的消声器模型中，内插管可以提高消声器的传递损失，但相对入口端底置的要小很多；在入口端置于腔体底面的模型中，内插管对高频段的传递损失的提升作用尤为明显，且要优于入口端侧置的消声器模型；在低频段，入口端侧置的模型的消声效果要优于入口端置于腔体底面的模型的，尤其是在 1000～3000 Hz，其传递损失将近高出 20 dB(A)。

参考某些消声器的双入口，本节还分析了入口管的数目对消声器声学性能的影响。图 8.6 所示为四种不同进气入口数目的消声器的结构模型示意图，模型 A 为单进气管，模型 B 为双进气管，模型 C 为三进气管，模型 D 为四进气管，四个模型的内部腔体尺寸相同，长度为 140 mm，腔体直径为 80 mm。

为了控制其他参量变化的影响，需要使四个模型的入口端横截面面积与出口端横截面面积分别相同，其出入口端设计尺寸如表 8.1 所示，出口端横截面面积相同，为 706.5 mm^2，入口端总横截面面积都接近 706.5 mm^2。

单个进气管时消声器的传递损失计算公式为

$$L_{TL}=10\lg\left(\frac{p_{inlet}\overline{p_{inlet}}A_{in}}{p_{outlet}\overline{p_{outlet}}A_{out}}\right) \tag{8.1}$$

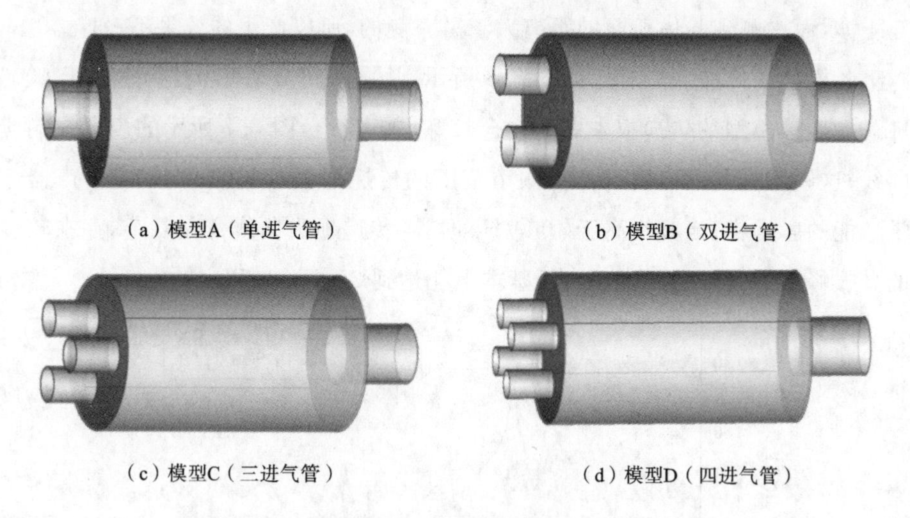

（a）模型A（单进气管）　（b）模型B（双进气管）

（c）模型C（三进气管）　（d）模型D（四进气管）

图 8.6　不同进气入口数目的消声器的结构示意图

表 8.1　各消声器模型参数

进气入口数目	入口直径/mm	出口直径/mm	单个入口截面积/mm²	总入口截面积/mm²	出口截面积/mm²
1	30.00	30.00	706.500	706.500	706.500
2	21.00	30.00	346.185	692.370	706.500
3	17.30	30.00	234.943	704.829	706.500
4	15.00	30.00	176.625	706.500	706.500

带双进气内插管的消声器的传递损失计算公式为

$$L_{\mathrm{TL}}=10\lg\left(\frac{p_{\mathrm{inlet}}\overline{p_{\mathrm{inlet}}}A_{\mathrm{in1}}+p_{\mathrm{inlet}}\overline{p_{\mathrm{inlet}}}A_{\mathrm{in2}}}{p_{\mathrm{outlet}}\overline{p_{\mathrm{outlet}}}A_{\mathrm{out}}}\right)\tag{8.2}$$

求得四种模型出入口端的声压级响应如图 8.7 所示。从图中可以看出，消声器进气入口数目对各出入口端的声压级响应的影响比较大，尤其是当频率高于 4300 Hz 以后峰值变得复杂，各频率间隔内的声压级差值增大；各入口端声压级变化曲线基本重合，这是由于各入口端在腔体截面布置对称，到腔体壁面的距离相等，所以声波传递中遇到壁面后反射的路径基本呈现相同的规律；可以看出进气入口数目为两个和三个时，频率高于 4200 Hz 后入口端声压级出现较多的峰谷值，这是因为声波传递到腔体内后不同进气入口的声波之间发生相互干涉，而一侧到腔体壁面的距离大于另一侧的，所以产生的效果不一样。

各模型的传递损失对比如图8.8所示，从图中可以看出，当频率低于4000 Hz时，四种模型的传递损失曲线吻合较好，这也符合图8.7所示的声压级响应曲线，这说明进气入口数目对低频率范围的传递损失影响非常小，对消声器声学性能的影响小；当频率高于4000 Hz时，各传递损失曲线变化复杂，存在较多的共振峰值点，传递损失值较大，基本上能达到25 dB(A)以上。

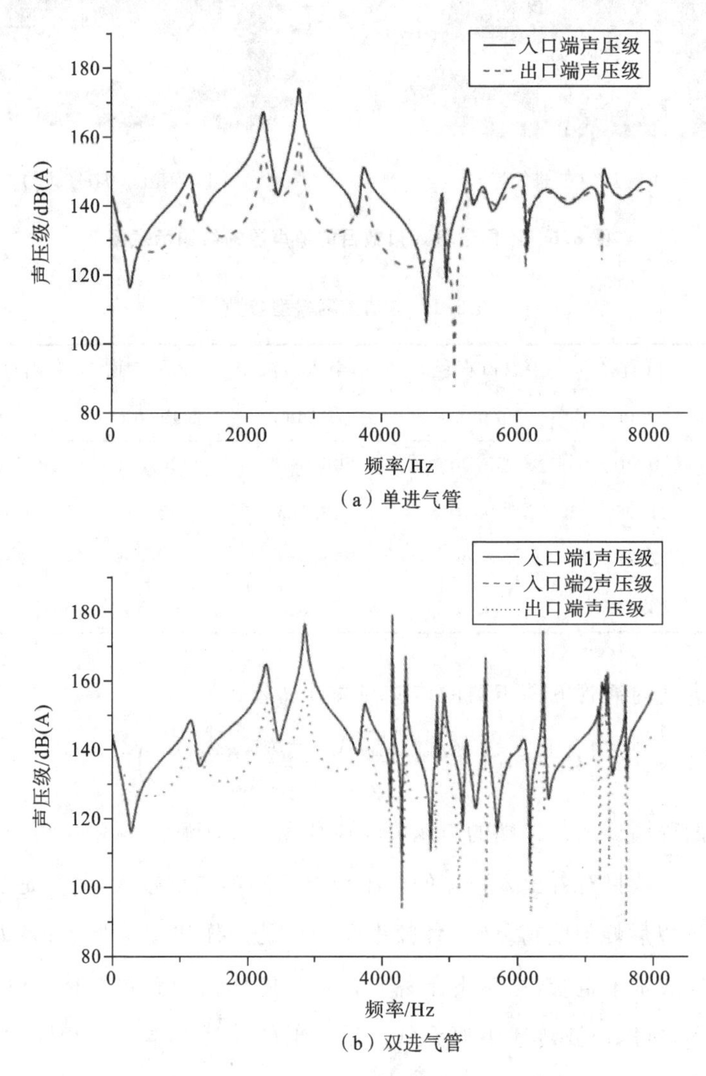

(a) 单进气管

(b) 双进气管

图8.7　四种模型出入口端声压级响应

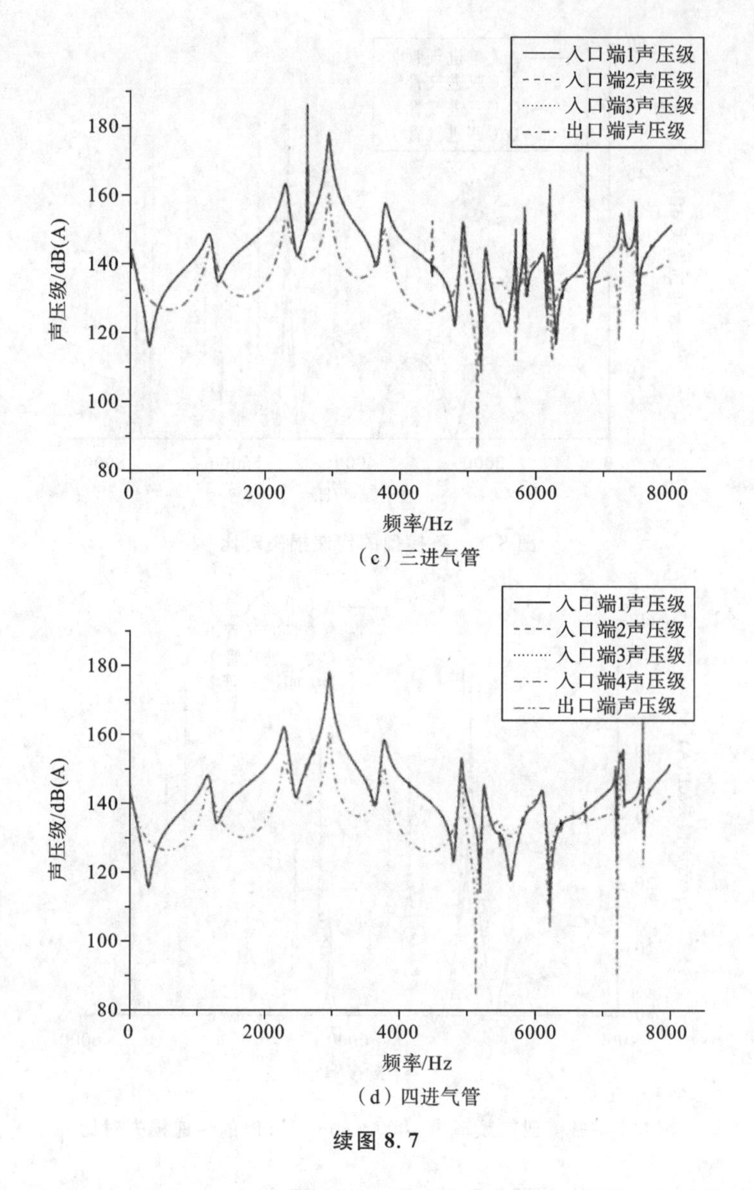

（c）三进气管

（d）四进气管

续图 8.7

为了更直观地分析高频率区间的传递损失变化曲线，图 8.9 展示了各模型在频率高于 4000 Hz 时的传递损失。从图 8.9 可以看出，B、C 和 D 三种模型的传递损失值要明显高于 A 模型的。A 模型的传递损失基本为 0，几乎没有消声效果；对比 B、C、D 三种模型，传递损失曲线大致吻合，但是各个模型的共振峰不一样，所以传递损失峰值不一样，在各峰值中 C 模型的传递损失值最小。这表明传递损失并非随进气入口数目的增加而增加，但是在高频率范围内多进气

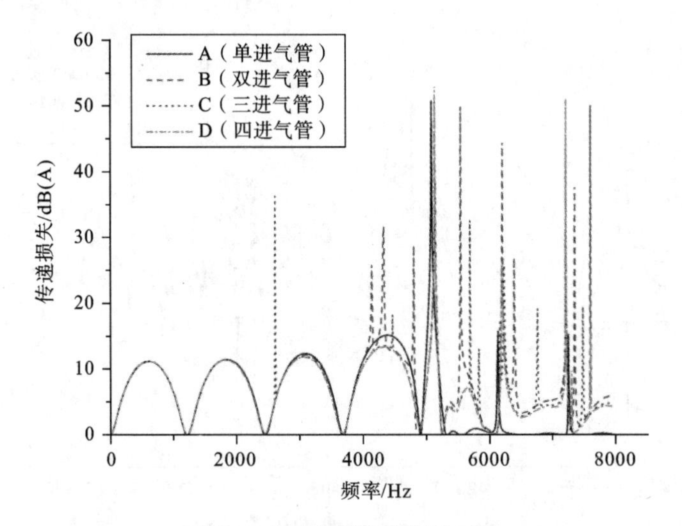

图 8.8　各模型的传递损失对比

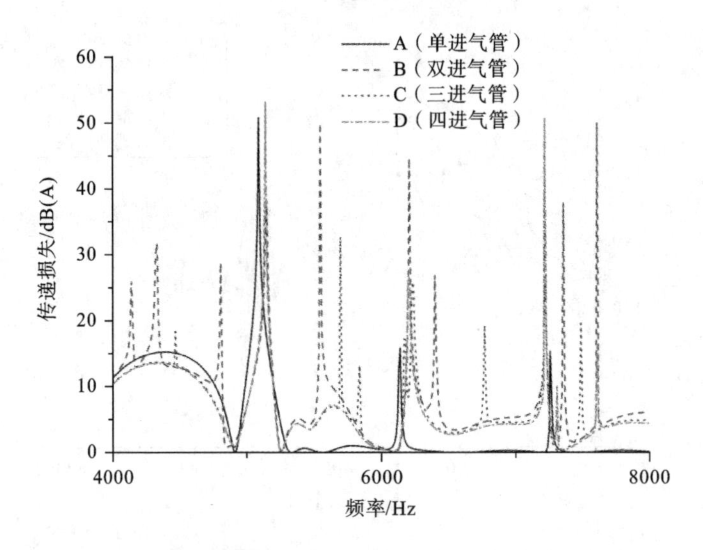

图 8.9　各模型在频率为 4000～8000 Hz 时的传递损失对比

入口比单进气入口的传递损失要高，消声效果要好。

上面的四种模型都没有内插管，为进一步分析进气入口数目对消声器声学性能影响的准确度，又分别设计了单双内插管消声器腔体模型，如图8.10所示。模型 F(双进气内插管)入口端的总截面积与模型 E(单进气内插管)的相同，为 706.5 mm^2；插入管长度相同，为 80 mm；内插管上的穿孔截面积相同。

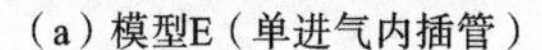

(a)模型E(单进气内插管)

(b)模型F(双进气内插管)

图 8.10 单进气内插管与双进气内插管模型示意图

求得两种模型的传递损失如图 8.11 所示,从图中可以看出当频率低于 3000 Hz 时,两种模型的传递损失曲线重合,频率高于 3000 Hz 时,两种模型的传递损失变化都比较复杂,在频率间隔间的传递损失差值大。相较于前面没有内插管的模型,单进气内插管模型在高频范围内传递损失不为 0,且总体的消声效果要好于双进气内插管模型的,但是峰值低于双进气内插管模型的;双进气内插管模型在高频范围内存在更多的共振峰和通过频率。

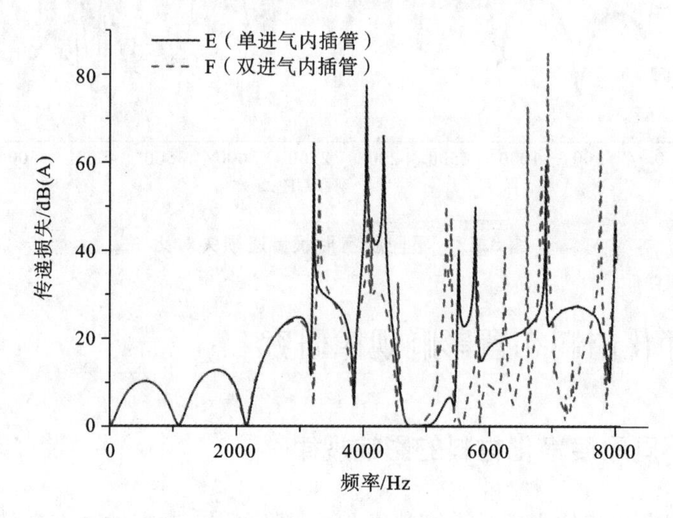

图 8.11 单进气内插管与双进气内插管模型的传递损失对比

8.2 腔室形状影响规律研究

本节对进气管侧置结构下的净化消声器腔室形状对声学性能的影响规律进行分析。选取横截面积相同、腔室容积相同但腔室形状不同的两种净化消声器,如图 8.12 所示,圆形腔室与方形腔室对传递损失的影响差异不大,尤其在0～2620 Hz频率范围内，两种腔室形状的传递损失曲线基本重合。圆形腔室在频率为4720 Hz时出现传递损失最大值，为86.3 dB(A)，而方形腔室在频率为1580 Hz时出现传递损失最大值，为74.1 dB(A)。在0～5000 Hz频率范围内圆形腔室传递损失平均值为19.4 dB(A)，比方形腔室传递损失平均值低1.7 dB(A)。

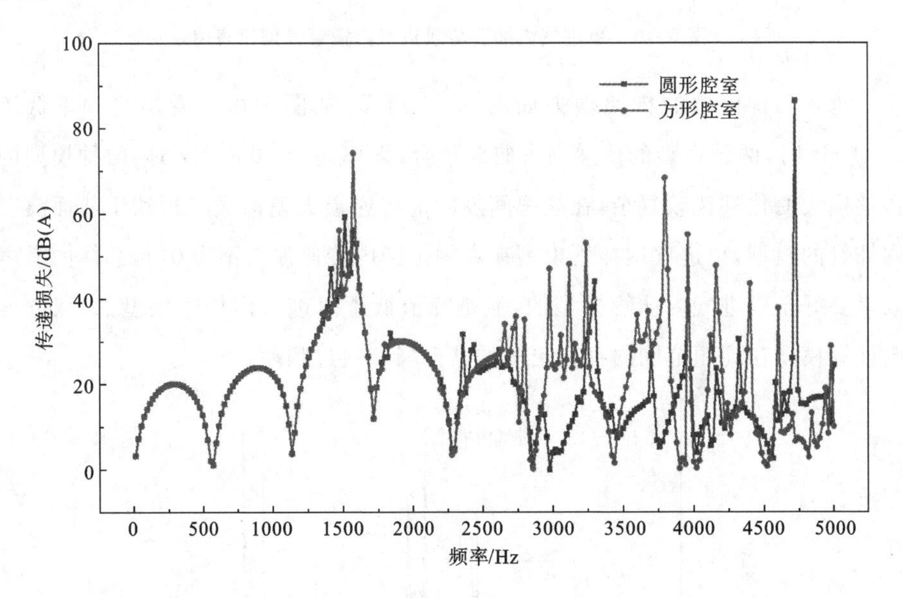

图 8.12 不同腔室形状传递损失对比

8.3 净化材料布置影响规律研究

8.3.1 不同厚度净化材料的影响规律

泡沫铜净化基体内部具有极其复杂的多孔结构，对声波具有良好的吸收效果。在净化消声器腔室中分别添加30 mm、40 mm、50 mm三种不同厚度的泡沫铜净化基体，研究不同厚度净化基体对消声器传递损失的影响。图8.13所示为不同厚度净化基体的布置图。

如图8.14所示，净化基体产生了良好的吸声效果，尤其体现在中高频段。在0～5000 Hz频率范围内三种不同厚度的净化基体所产生的传递损失曲线走势基本一致，随净化基体厚度的增加传递损失逐渐增大。50 mm厚度的净化基

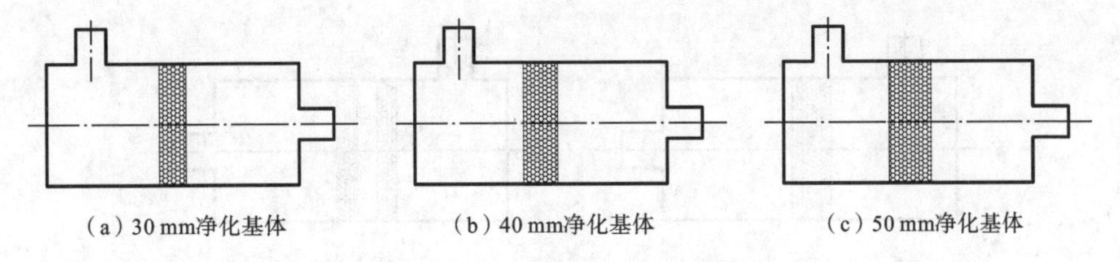

图 8.13　不同厚度净化基体的布置图

体所产生的传递损失较大，其平均传递损失为 37.9 dB(A)。进一步分析 0～860 Hz、1380～1540 Hz、2660～2840 Hz 三个频段，发现三种厚度的净化基体所产生的传递损失曲线基本吻合，30 mm、40 mm、50 mm 三种不同厚度的净化基体在频率为 1580 Hz 时产生的传递损失值最大，分别为 66 dB(A)、68.2 dB(A)、69.5 dB(A)。

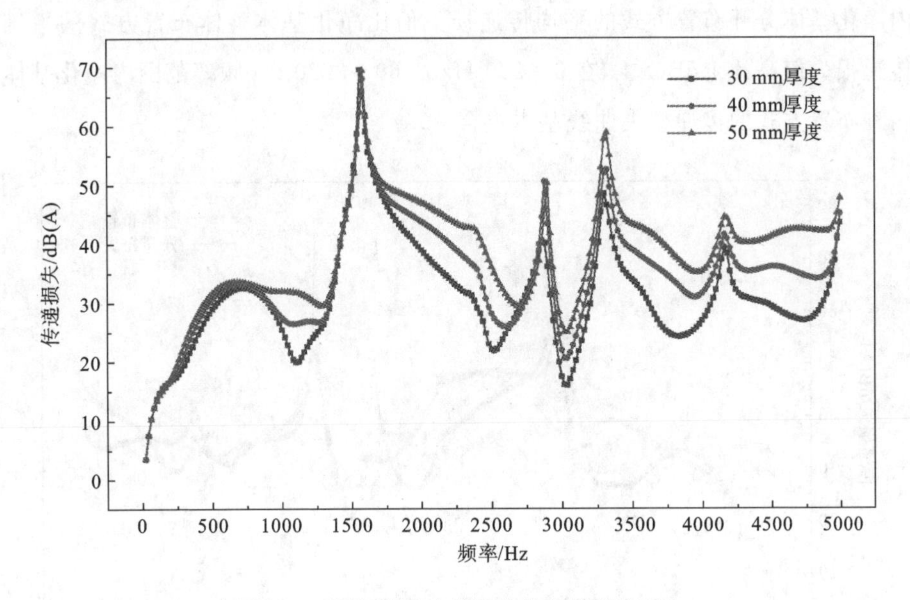

图 8.14　不同厚度净化基体的传递损失对比

8.3.2　净化材料布置方式的影响规律

在净化消声器腔体内将 40 mm 厚度的净化基体按图 8.15 所示的两种方式进行布置，研究净化基体布置方式对净化消声器传递损失所产生的影响。

如图 8.16 所示，净化基体的不同布置方式对净化消声器传递损失的影响

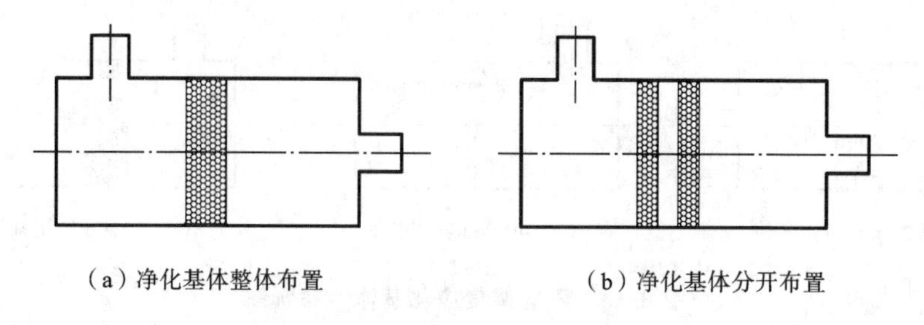

（a）净化基体整体布置　　（b）净化基体分开布置

图 8.15　净化基体的不同布置方式

较大。净化基体分开布置方式的传递损失较大，消声效果较好，尤其体现在中高频段，比如频率为 780～1400 Hz、1780～2740 Hz 时净化基体分开布置方式的传递损失较大，消声效果较好。频率为 3300 Hz 时净化基体分开布置方式的传递损失最大，最大值为 74.8 dB(A)。进一步分析，在 0～5000 Hz 频率范围内净化基体分开布置方式的平均传递损失值比净化基体整体布置方式的平均传递损失值高约 1 dB(A)，在 0～220 Hz、2960～3220 Hz 频率范围内净化基体两种布置方式的传递损失曲线基本重合。

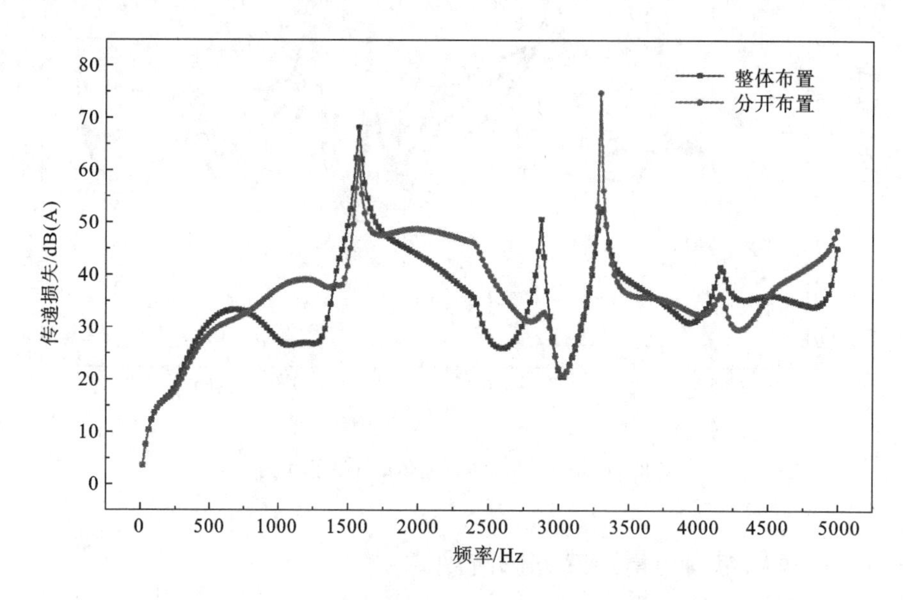

图 8.16　净化基体不同布置方式下的传递损失对比

8.4 穿孔隔板影响规律研究

8.4.1 有无穿孔隔板的影响

在净化消声器腔体内添加孔数为16、孔径为10 mm的穿孔隔板，研究有无穿孔隔板对净化消声器传递损失所产生的影响，如图8.17所示。

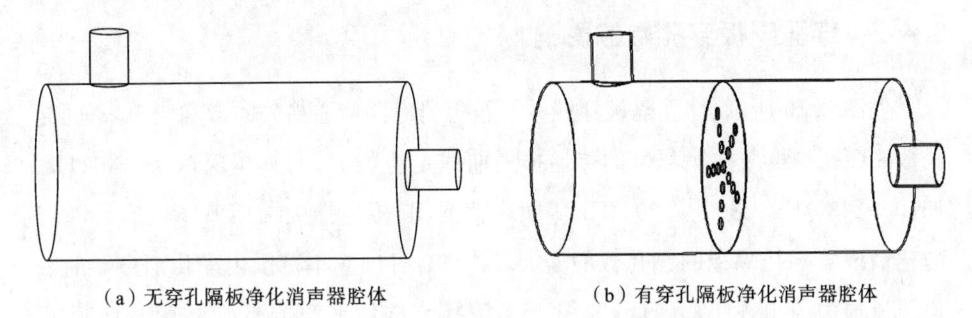

（a）无穿孔隔板净化消声器腔体　　（b）有穿孔隔板净化消声器腔体

图8.17　有无穿孔隔板净化消声器腔体对比

如图8.18所示，有无穿孔隔板对净化消声器传递损失的影响较大，有穿孔隔板结构的传递损失较大，消声效果较好，尤其体现在中高频段，比如频率

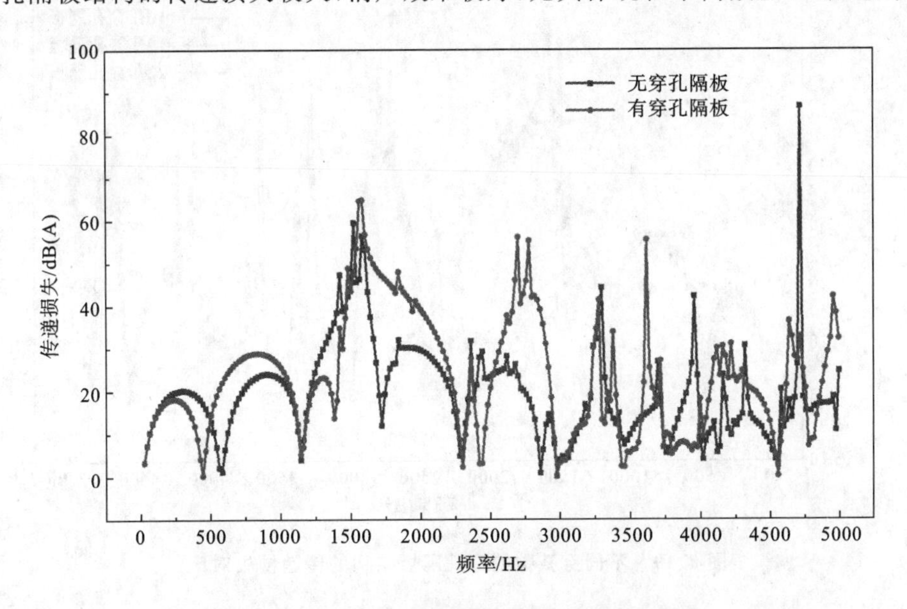

图8.18　有无穿孔隔板净化消声器传递损失对比

为 500～1140 Hz、1540～2280 Hz、2520～2980 Hz 时有穿孔隔板结构的传递损失较大，消声效果较好。进一步分析，在 0～5000 Hz 频率范围内有穿孔隔板结构的平均传递损失值为 23.3 dB(A)，比无穿孔隔板结构的平均传递损失值高约3.9 dB(A)；频率为 1580 Hz、2700 Hz、2780 Hz、3620 Hz 时，有穿孔隔板结构出现了 4 个传递损失峰值，分别为 64.6 dB(A)、55.8 dB(A)、55 dB(A)、55.2 dB(A)。

8.4.2 穿孔隔板穿孔数的影响

如图 8.19 所示，穿孔隔板穿孔数对净化消声器传递损失的影响较小，不同穿孔数的穿孔隔板结构所产生的传递损失曲线走势类似，尤其体现在 0～300 Hz、1540～2280 Hz、2860～3200 Hz 等频率范围，其传递损失曲线基本吻合。随着净化消声器穿孔隔板的穿孔数的增加，0～5000 Hz 频率范围内净化消声器的平均传递损失值出现小幅降低，22 孔穿孔隔板结构的平均传递损失值比 16 孔穿孔隔板结构的平均传递损失值降低了 1.2 dB(A)，同时随着穿孔隔板穿孔数的增加传递损失曲线有向高频方向移动的趋势。

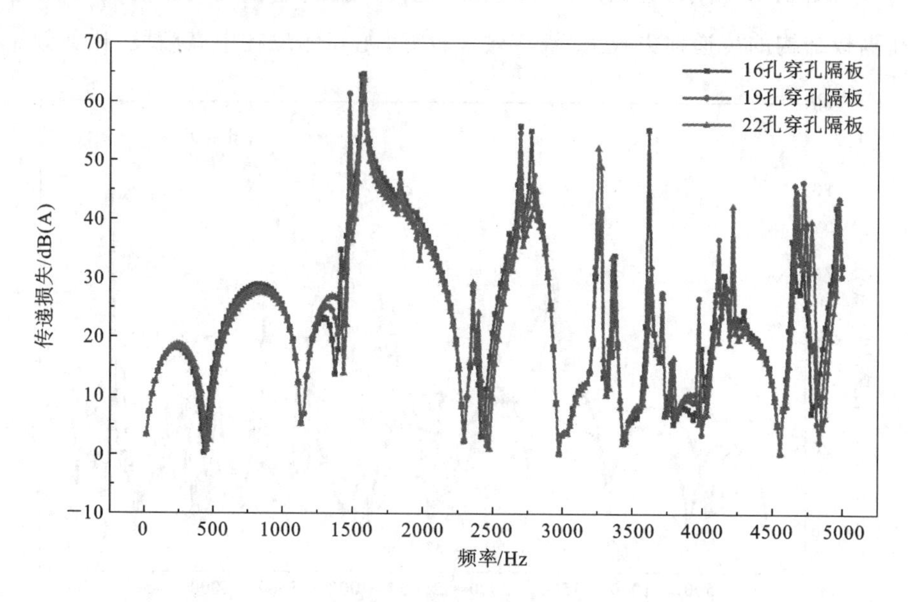

图 8.19 不同穿孔数的穿孔隔板结构的传递损失对比

8.5 本章小结

本章主要探究消声器声学单元对声学性能的影响，分别从进气入口的数目和位置、腔室形状、净化材料的布置方式、穿孔隔板的有无及穿孔数展开研究。对不同基本结构单元的传递损失进行了计算和对比。结果表明排气消声器进、排气管的布置方式，净化材料的布置方式以及有无穿孔隔板的存在对消声器传递损失的影响较大，其中侧置具有内插管结构的进气管、分开式的净化材料布置方式以及在消声器腔体中添加穿孔隔板均能够有效提高净化消声器的传递损失，改善消声器的声学性能。而对柴油机排气噪声而言，消声器的腔室形状以及穿孔隔板的穿孔数对声学性能的影响不大，这为后续净化消声器的改进及实验研究提供了参考依据。

第9章 消声器结构参数影响规律研究

基于前面的仿真模拟与试验验证，本章主要针对消声器相关的结构因子进行流场和声学仿真，为此专门设计不同的结构因子方案，分析不同孔密度、长短轴之比和长径比对流场及声学性能的影响规律。该研究可为后续的结构优化提供可靠的理论依据。

9.1 孔密度影响规律研究

9.1.1 不同孔密度方案设计

消声器中较多采用筛孔隔板结构，主要是因为该结构能减少多向气流间的相互碰撞，对降低压力损失及气流再生噪声有一定的效果。同时筛孔隔板对气流的缓冲阻碍形成的分流作用亦可提高消声器的消声效果。然而筛孔隔板上均布孔的孔密度、孔径大小及孔的位置等都对消声器的流场及声学特性有一定影响。为此通过固定筛孔位置而改变小孔数量的方法，专门设计四组不同孔密度方案（孔密度分别为 $T_1 \sim T_4$，单位为个/cm²），如图 9.1 所示。

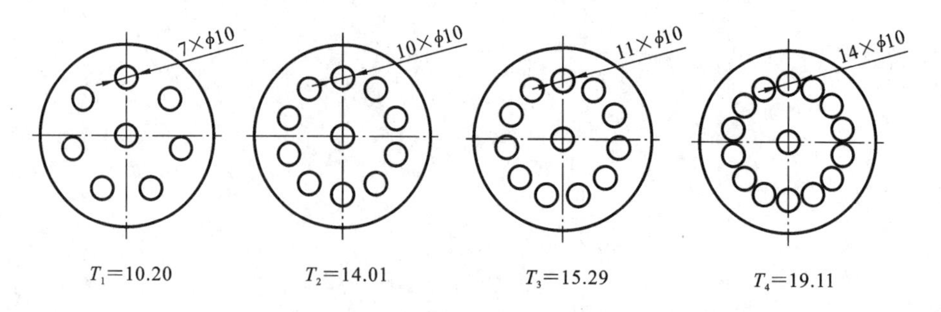

图 9.1 各筛孔隔板孔密度方案

9.1.2　不同孔密度方案下流场特性分析

从图 9.2 所示的速度云图可看出，各孔密度方案下的出口速度分别为 58.2 m/s、58.8 m/s、58.1 m/s、58.0 m/s，随着隔板孔密度的增加，其出口速度没有呈现线性增加的趋势，且速度之间的变化差值并不大，最大速度也小于 60 m/s。进一步分析 x 向速度云图可知，在隔板处的速度随着孔密度的增大，速度值出现逐一降低的趋势，各孔密度 $T_1=10.20$、$T_2=14.01$、$T_3=15.29$、$T_4=19.11$ 对应的速度分别约为 36.5 m/s、27.3 m/s、22.5 m/s、16.8 m/s，这是由于随着孔密度的增加，高速气流通过隔板的面积增大，相当于隔板正面阻碍气流的作

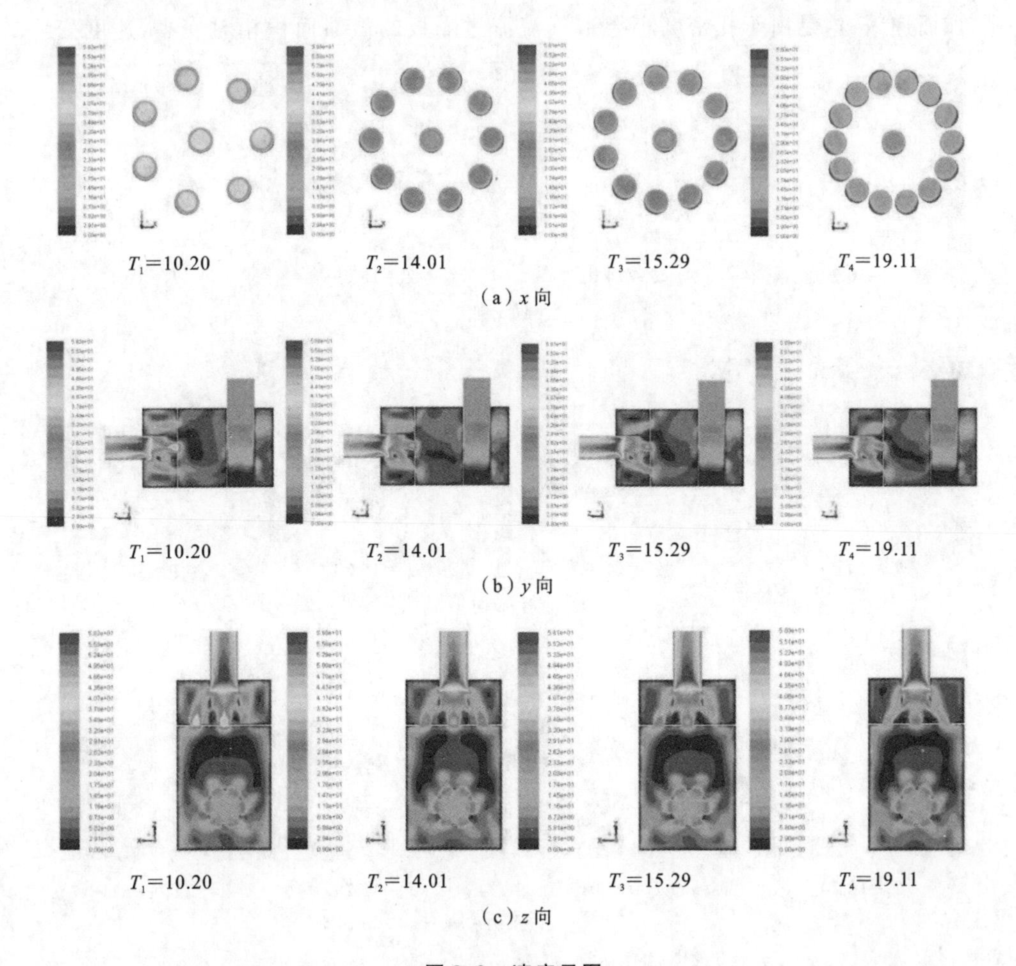

T_1=10.20　T_2=14.01　T_3=15.29　T_4=19.11

(a) x 向

T_1=10.20　T_2=14.01　T_3=15.29　T_4=19.11

(b) y 向

T_1=10.20　T_2=14.01　T_3=15.29　T_4=19.11

(c) z 向

图 9.2　速度云图

用降低，聚集的气流量相应减小，从而速度相应地降低；分析 y 向和 z 向速度云图，可发现各隔板孔密度方案都会在进气管和隔板之间产生低流速区域，该处的湍流现象也较严重，最容易产生气流再生噪声。同时气流每通过一次多孔结构，其流通截面积的突变就会产生一次速度变化，而速度差的产生容易导致出现湍流现象。速度差值越大湍流现象越严重，但是抗性消声器就是利用突变的截面使得气流声波发生干涉和反射进而相互抵消来削弱声能的，因此设计时必须合理选择隔板的孔密度大小。

从图 9.3 所示的压力云图可看出，不同筛孔隔板孔密度方案下出现的最大压力分别为 4240 Pa、3570 Pa、3520 Pa、3330 Pa，并且最人压力随着孔密度的增加而递减，这是由于孔密度小导致气流流过隔板的截面面积相对变小，速度变

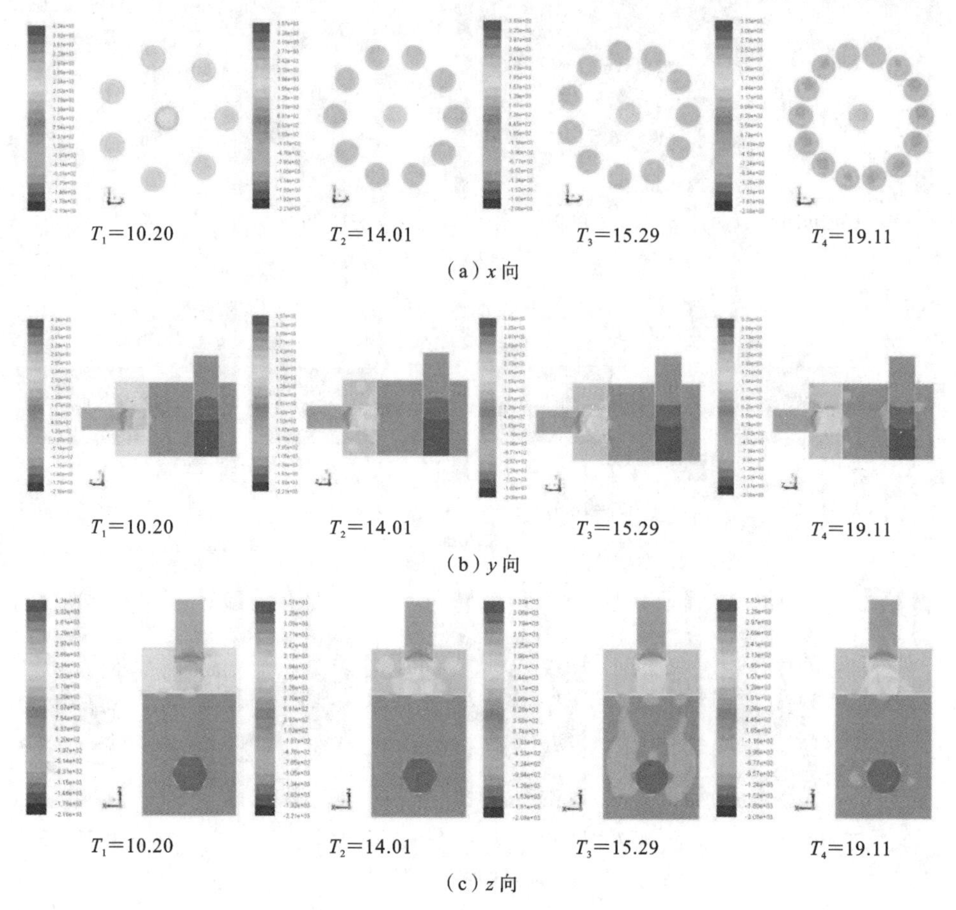

图 9.3　压力云图

化较大,较大的速度差对应产生较大的压力变化,最大压力也会相对较高。同时压力差值与孔密度大小有密切联系。当两个方案间的孔密度变化较大时,压力值变化也大;当孔密度值变化不大时,压力差也较小。例如孔密度从 $T_1=10.20\rightarrow T_2=14.01$ 时,其最大压力从 4240 Pa 下降至 3570 Pa,压力差为 670 Pa;孔密度从 $T_2=14.01\rightarrow T_3=15.29$ 时,其最大压力从 3570 Pa 下降至 3520 Pa,压力差为 50 Pa;当孔密度从 $T_3=15.29\rightarrow T_4=19.11$ 时,其最大压力从 3520 Pa 下降至 3330 Pa,压力差为 190 Pa,这是由于方案间的孔密度变化值较大时,流通截面变化也较大,压力变化同样会变大。进一步分析 x、y 和 z 向压力云图得知,压力分别呈现规则的区域分布现象,在进气管与壁面处产生最大压力,在多孔结构和截面突变处压力出现局部波动。同时计算出各方案的压力损失大小分别为 3197 Pa、3187 Pa、3116 Pa、3183 Pa,同最大压力相比并未呈现递减规律,但各方案间的压力损失差不大,其中孔密度为 $T_3=15.29$ 时压力损失最小,为 3116 Pa。

9.1.3 不同孔密度方案下传递损失分析

由于前面的声学分析已经给出该消声器在 1～4500 Hz 频率范围内最具参考价值,因此以下主要对该频段进行分析。由图 9.4 可知:随着孔密度的增加,各孔密度对应的曲线趋势基本一致,在 1～500 Hz 的低频段内各曲线吻合良

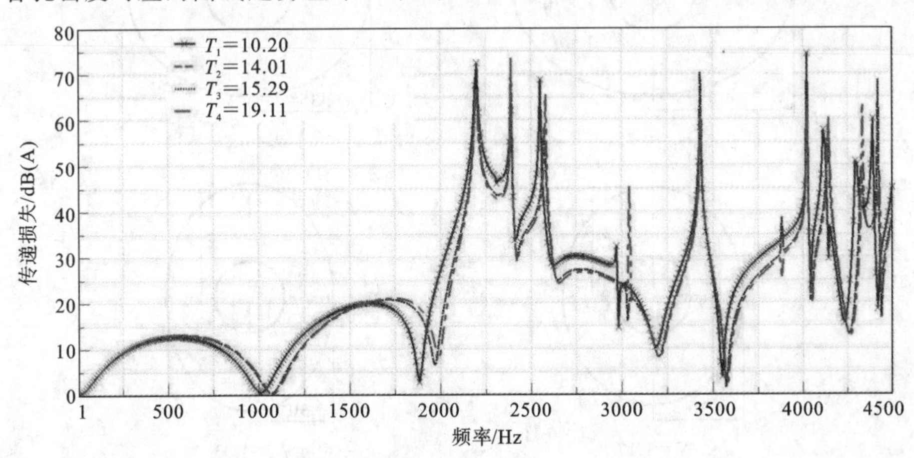

图 9.4 不同隔板孔密度方案下的传递损失对比

好，在 500～4500 Hz 的中高频段内各曲线整体由低频向高频方向偏移，频率偏移量约为 100 Hz。当隔板孔密度为 T_2 和 T_3 时传递损失曲线完全重合，表明孔密度变化不大时，其对消声器的消声性能影响不大。随着隔板孔密度的增大，各传递损失曲线的变化幅度相应减小，这主要是由于随着孔密度的增加其值越接近设计极限尺寸（不改变孔位置的前提下孔的分布个数）。一般在设计过程中都应尽量避免极限尺寸出现。

9.2 长短轴之比影响规律研究

9.2.1 不同长短轴之比方案设计

目前实际中的消声器设计通常采用椭圆形结构，椭圆形结构具有占用体积小和可节约材料成本的优点，但加工要求也较高。然而椭圆形消声器的长短轴之比对其流场及声学特性都有影响。为此在不大幅度改变消声器总体尺寸和影响其他结构尺寸的前提下，通过分别固定长轴和短轴的方式设计了四种不同长短轴之比方案：$N_1=0.75$、$N_2=0.86$、$N_3=1.17$、$N_4=1.33$，如图 9.5 所示。

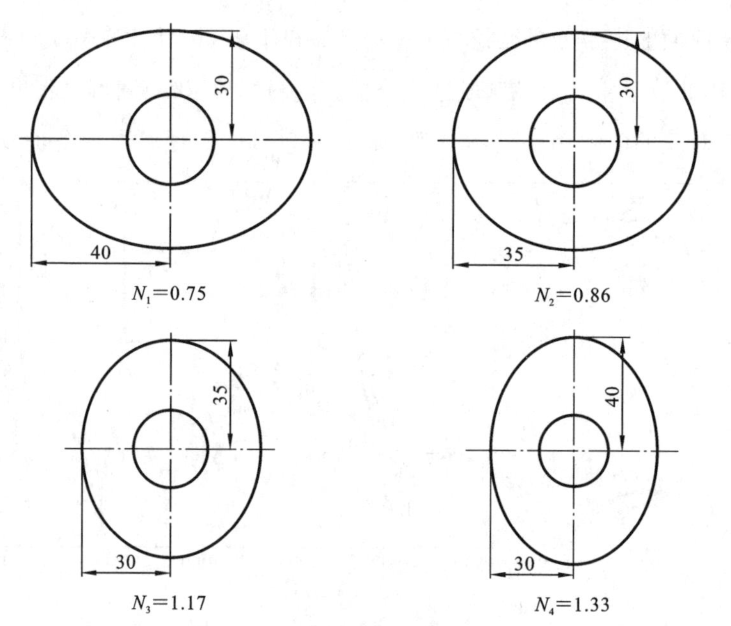

图 9.5　四种椭圆长短轴之比方案

9.2.2　不同长短轴之比方案下流场特性分析

从图 9.6 所示的压力云图可看出，消声器不同长短轴之比对应的最大压力分别为 3530 Pa、3660 Pa、3570 Pa、3700 Pa；分析 x、y 和 z 向压力云图可知，压力分布较规则，但在进气管及排气管处压力存在局部不均匀现象，同一截面上的压力值大小不等。随着长短轴之比的增加，最大压力值基本呈现增大趋势，但在比值为 $N_2=0.86$ 时最大压力较 $N_3=1.17$ 时大，这是由于随着长短轴之比的增加，消声器形状发生变化，气流进入腔体后的流动空间发生变化，与壁面间的距离变大，气流速度相对降低，最大压力值同样变小。当 $N_3=1.17 \rightarrow N_4=$

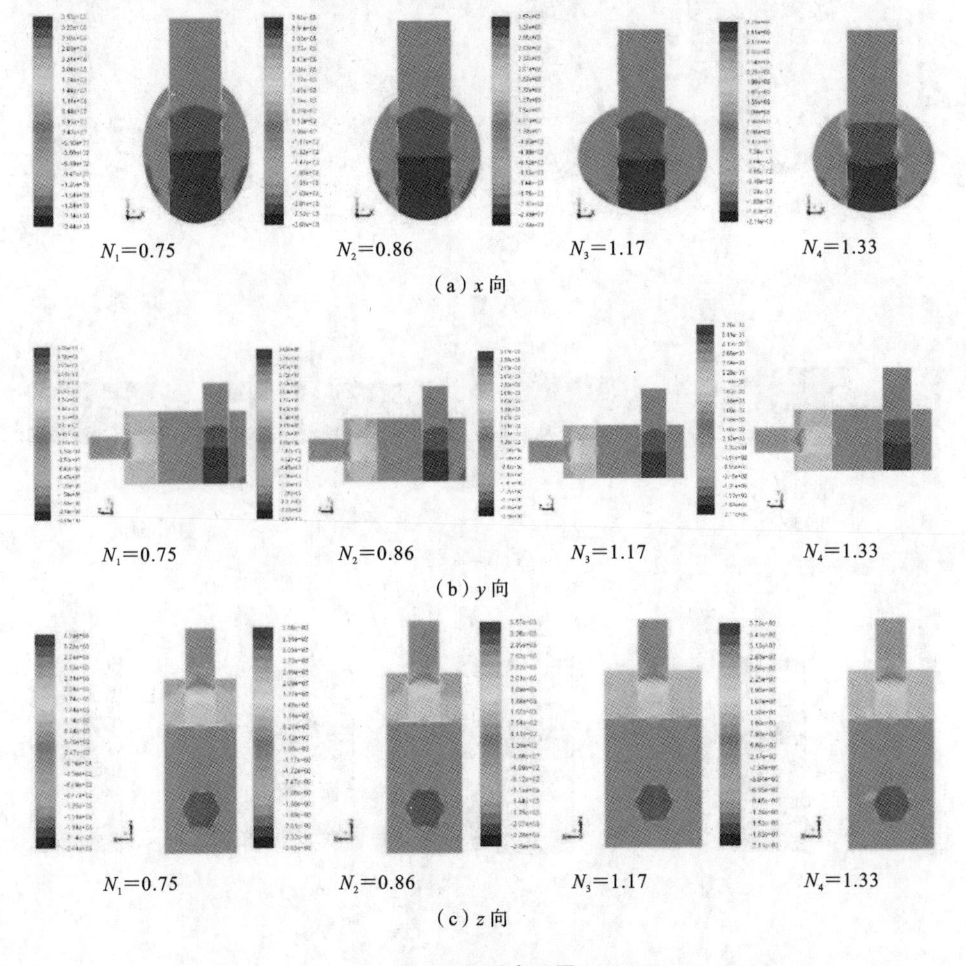

图 9.6　压力云图

1.33 时，气流与内壁面的距离变小，流动空间变小，气流聚集，速度差变大，压力值又会增大。最后计算出各比值对应的压力损失分别为 3051 Pa、3093 Pa、3056 Pa、3073 Pa，可以看出 $N_3=1.17$ 时的压力损失最小，为 3056 Pa。

从图 9.7 所示的速度云图可看出，消声器不同长短轴之比对应的出口速度分别为 57.9 m/s、58.7 m/s、58.5 m/s、60.0 m/s，随着长短轴比值的增大，出口速度没有呈现出规律的线性变化关系。当 $N_1=0.75$ 时速度最小，为 57.9 m/s，当 $N_4=1.33$ 时速度最大，为 60.0 m/s。分析 x 向速度云图可以看出，进气管各穿孔结构起到了良好的气流分流作用，气流速度沿着进气管逐

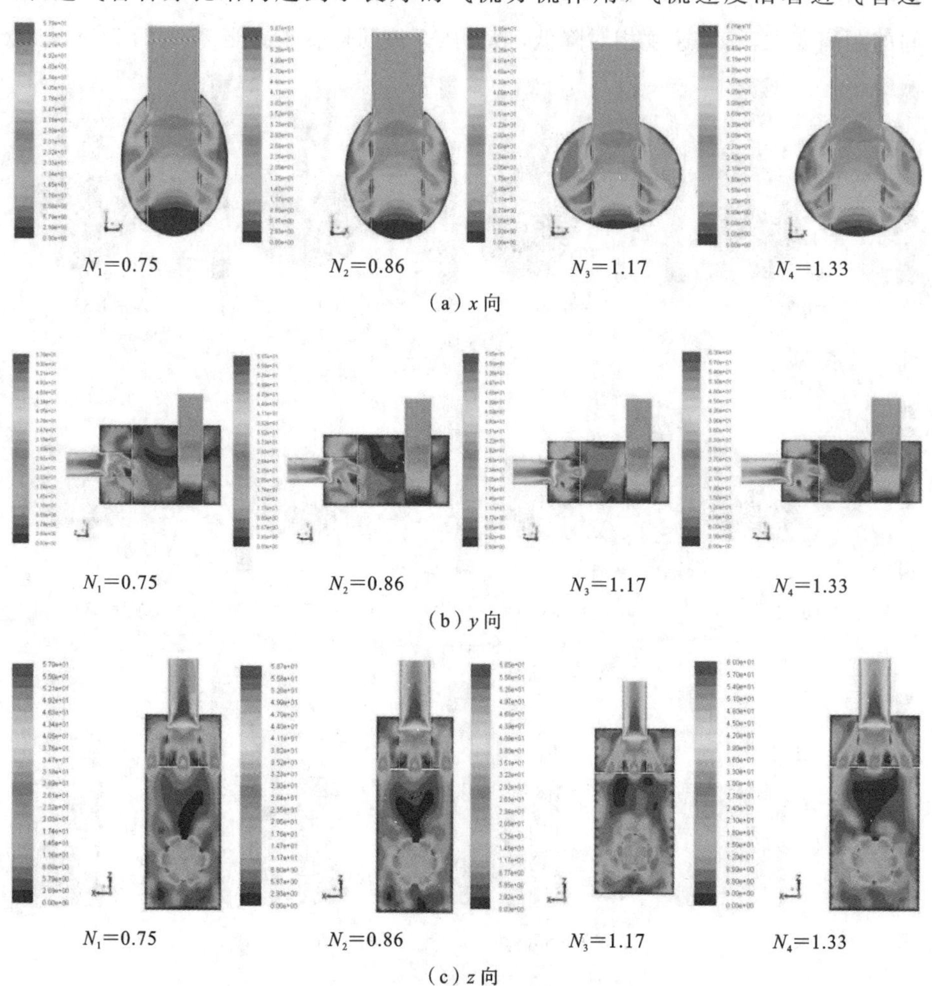

图 9.7 速度云图

步降低，在正壁面处产生了一低流速区域，并且可以明显看出长短轴比值为 $N_1=0.75$ 和 $N_2=0.86$ 时该区域的面积较长短轴比值为 $N_3=1.17$ 和 $N_4=1.33$ 时的大；由于该处的速度是逐一降低的，气流湍流现象并不明显。同时气流湍流主要在进气管与隔板之间的区域产生，但由于圆弧过渡腔体内壁面可较好避免气流的正面冲击，有利于气流的均匀分布，其湍流强度较圆形腔体消声器的要小。

9.2.3　不同长短轴之比方案下传递损失分析

由图 9.8 所示的不同长短轴之比方案下的传递损失对比可知，随着椭圆长短轴之比的增加所对应的传递损失曲线在 1～2000 Hz 的中低频段内吻合较好，该频段内的曲线变化小；在 2000～4500 Hz 频段内不同长短轴之比对应的传递损失曲线变化幅度较大，尤其在 3000～4500 Hz 内出现了无规则变化；同时在 1～3500 Hz 内随着比值的增大各传递曲线整体向低频段偏移，频率偏移量约为 80 Hz，且方案间的比值变化越小其传递损失曲线变化幅度也越小，如比值从 $N_1 \to N_2$ 时变化量为 0.11，其对应的传递损失曲线变化不大，当比值从 $N_2 \to N_3$ 时变化量为 0.31，其对应的传递损失曲线变化较大，分析其他比值变化同样有以上规律。对比孔密度因子对声学性能的影响规律可知，消声器声学性能受扩张比变化的影响程度较前者大。

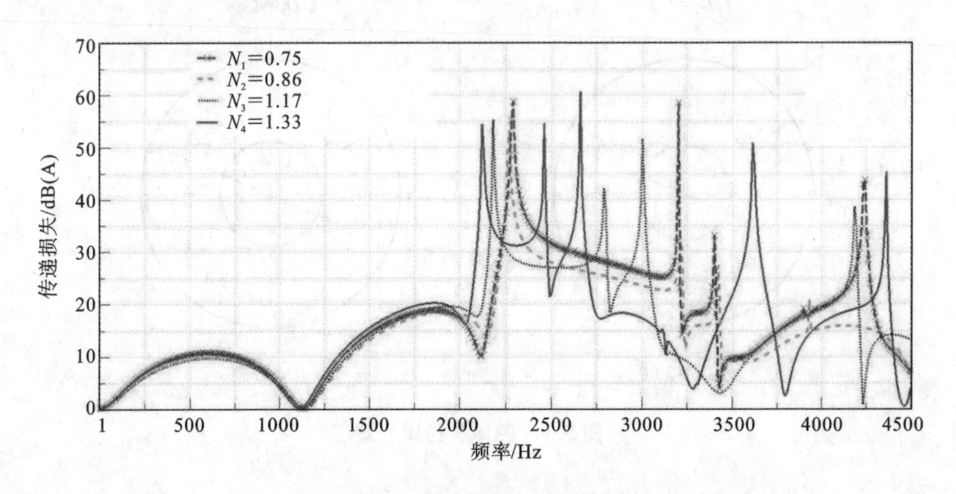

图 9.8　不同长短轴之比方案下的传递损失对比

9.3 长径比影响规律研究

9.3.1 不同长径比方案设计

消声器的不同长径比对其内部气流的速度、压力和声场分布都有一定的影响，长径比较小则形状显“肥大”，较大则形状显“瘦小”。一般而言消声器长径比大小需要根据与其所匹配发动机的功率和排放大小来确定，设计消声器应该考虑成本、加工以及安装等众多因素。为此本章通过固定腔体长度（$L=140$ mm）而变化腔体直径的方式，设计四种尺寸合适的长径比分别为 $L/D_1=1.71$、$L/D_2=1.84$、$L/D_3=2.00$、$L/D_4=2.19$ 的方案，如图9.9所示。

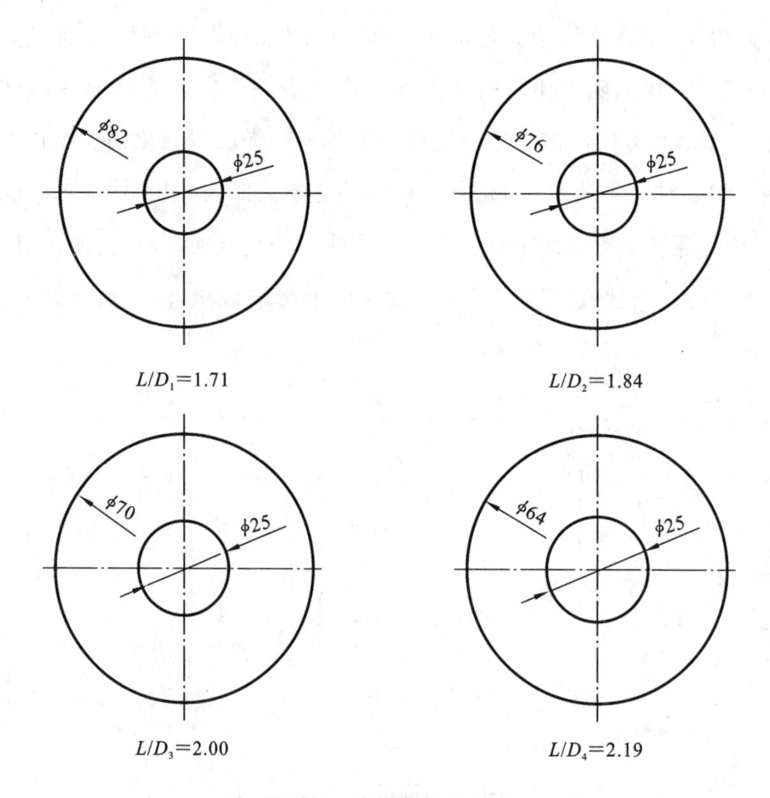

图 9.9 腔体长径比方案

9.3.2　不同长径比方案下流场特性分析

分析图 9.10 所示的速度云图可知，四种长径比方案对应的最大出口速度分别为 58.9 m/s、57.9 m/s、57.7 m/s、58.9 m/s，速度间的差值不大，均小于 1.5 m/s，且在 $L/D_3=2.00$ 时最大出口速度最小，为 57.7 m/s；同时随着长径比的增大出口速度先减小后增大，这是由于随着长径比的增大，气流流通面积的变化有利于气流的均匀分布，但在 $L/D_4=2.19$ 时，需考虑隔板上均布孔的位置，以保证在不影响孔结构的条件下尺寸在设计极限内，此时的气流流速增大，

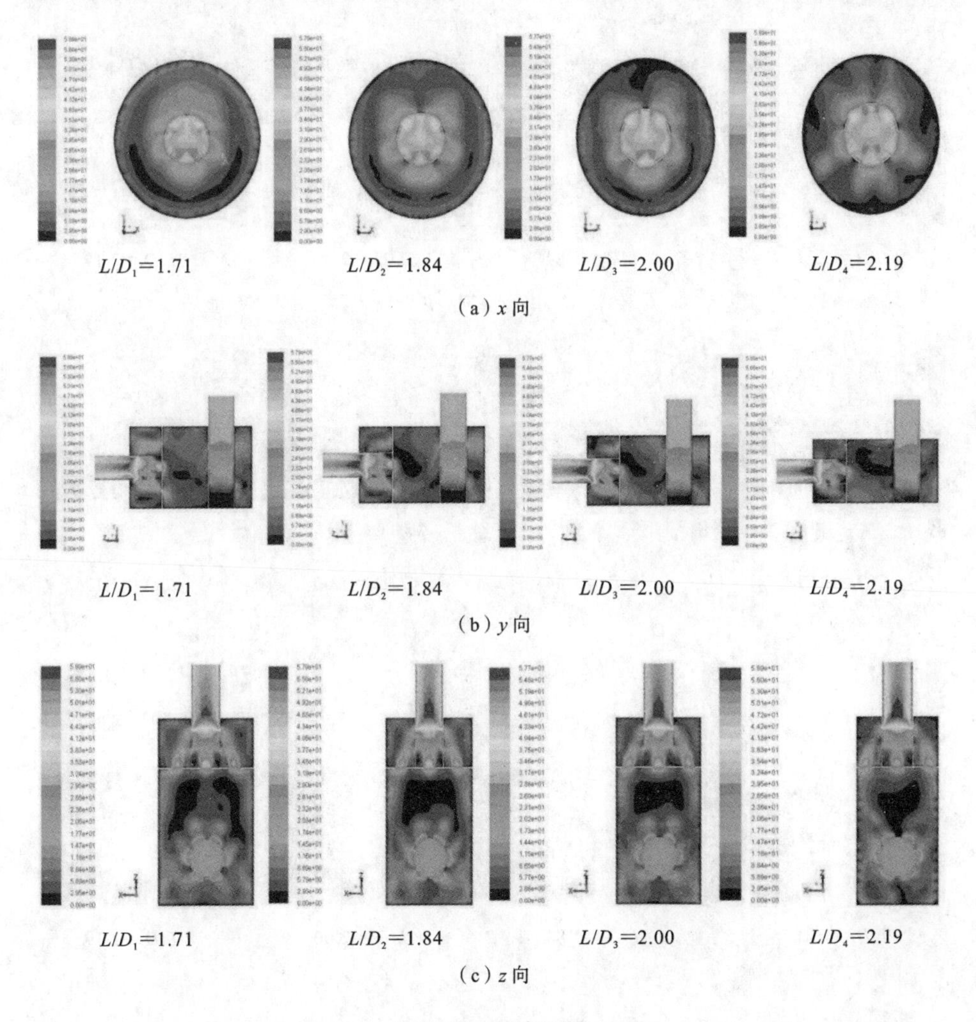

图 9.10　速度云图

说明该长径比不利于内部流场均匀分布。

分析图 9.11 所示的压力云图可知，四种长径比方案对应的最大压力分别为 3580 Pa、3630 Pa、3560 Pa、3640 Pa，长径比变化引起的压力变化不大，当 $L/D_4=2.19$ 即消声器直径为 64 mm 时，最大压力取得各方案中的最大值，为 3640 Pa。同时压力云图呈现较好的区域分布，各方案的最大压力均在进气管同腔体内壁面垂直处产生，且进气管内部出现三个压力分布区；在截面突变处和多孔结构处会引起气流速度大小及方向的改变，这些区域容易出现压

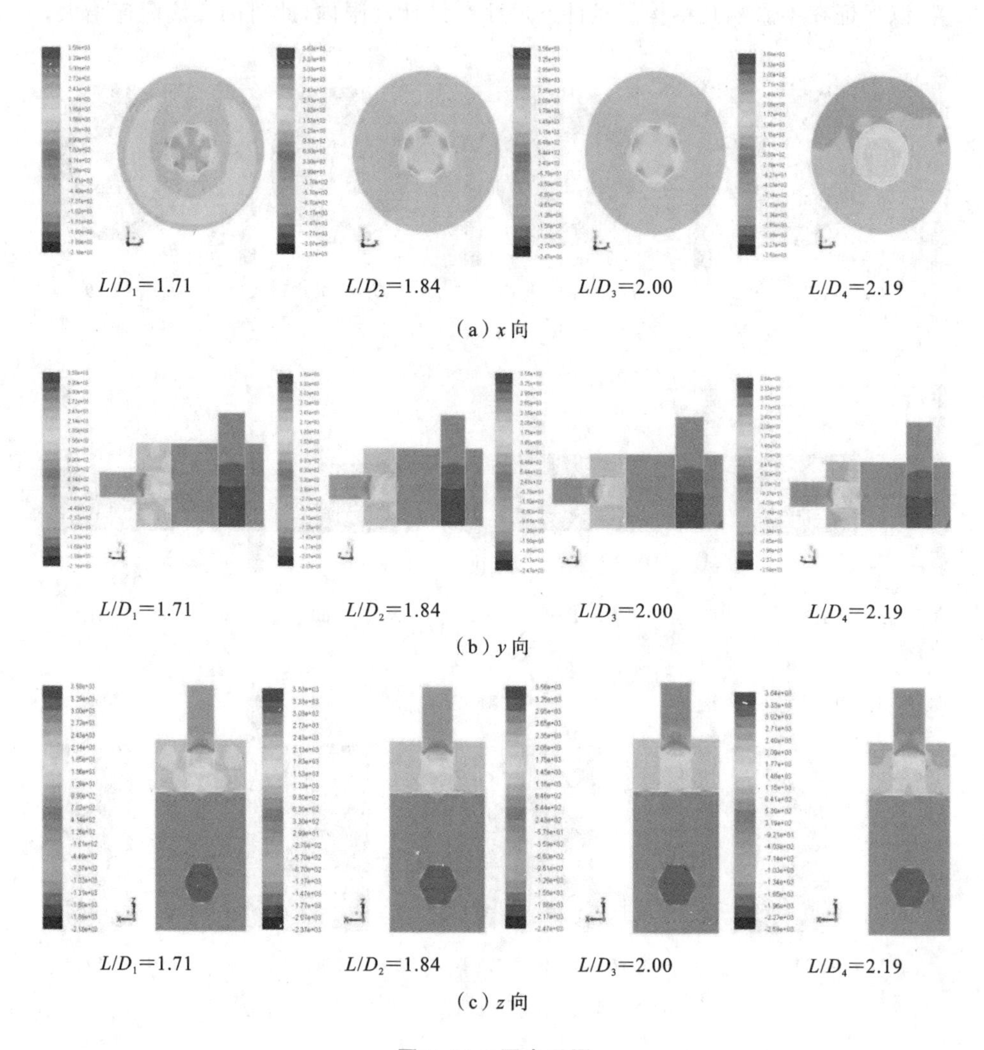

图 9.11　压力云图

力波动。随着长径比的增大，消声器形状变得越“瘦小”，内部气流流通面积也减小，最大压力也随之升高。通过分析可以计算出各长径比方案的压力损失分别为 3092 Pa、3105 Pa、3058 Pa、3081 Pa，最小的压力损失为方案 $L/D_3=2.00$（直径为 70 mm）时的 3058 Pa，最大的压力损失为方案 $L/D_2=1.84$（直径为 76 mm）时的 3105 Pa。

9.3.3 不同长径比方案下传递损失分析

由图 9.12 可知，随着长径比的增大所对应的传递损失曲线在 1～4500 Hz 频段内的变化幅度较大，且各传递损失曲线整体向高频段偏移，频率偏移量约为 50 Hz。同时可以看出消声器声学性能在 1～3000 Hz 频段内受长径比的影响程度较小，传递损失变化较小，在 3000～4500 Hz 频段内随着长径比的变化，传递损失的变化量也相应变大。对比孔密度和长短轴比值因子对声学性能的影响规律发现，消声器声学性能受长径比变化的影响程度较前两者都大。

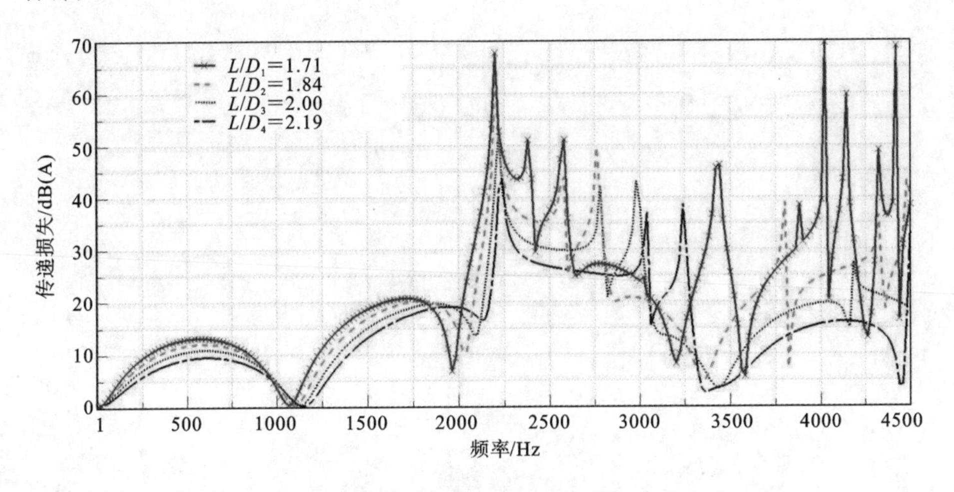

图 9.12 不同长径比方案下的传递损失对比

9.4 本章小结

本章在研究消声单元对声学性能的影响规律的基础上进一步探究结构因子对传递损失的影响规律。针对结构因子（孔密度、长径比、长短轴之比）提出不同的消声器设计方案,并在不同方案下对流场特性进行对比分析,通过压力云图和速度云图分析消声器流场的变化规律。在此基础上,进一步分析在20～5000 Hz频段内孔密度、长径比、长短轴之比对传递损失的影响规律。研究结果表明,结构因子对传递损失的影响在低频范围内较小,在中高频范围内较大。本章对消声器结构因子的研究可为同类型消声器的优化提供一定的理论基础且具有一定的指导意义。

第10章 总结与展望

10.1 总结

本书以国家自然科学基金项目“柴油机缸内湍流和化学反应共同作用下的混合气形成机理”(91541121)、国家自然科学基金项目“微型自由活塞发动机HCCI催化燃烧稳定性机理与多场协同优化研究”(52076141)、湖南省自然科学基金项目“氨气/生物柴油反应活性控制压燃着火燃烧调控机理研究”(2022J50025)、湖南省教育厅重点研发项目“动力机械阻抗复合多腔消声器耦合声学特性研究”(19A453)、校企合作项目“柴油动力装置排气后处理关键技术研究”(2022HX16)、邵阳市科技计划项目“柴油车微粒排放后处理系统的研发”等为研究依托,以中小型农用柴油机所匹配的排气消声器为研究对象,对排气噪声控制和微粒净化控制进行了较为系统的研究。通过对消声器的相关理论和原理进行介绍和对消声器内部的流场和声学特性进行数值仿真分析,并结合发动机试验台架对消声器进行试验,验证了仿真模型的可靠性。在对排气消声器内部流场进行计算的基础上,将温度场及速度场作为声学分析的边界条件,对消声器的声学传递损失进行分析计算,分析流体温度因素、速度因素以及综合因素对声学性能的影响规律。分析了不同的消声单元以及结构参数对声学性能的影响,并根据消声器设计理论及特点对消声器的结构参数提出了改进方案。

从本书整体开展的工作内容来看,所取得的研究成果和创新内容如下:

(1) 针对当前农用柴油机尾气微粒和噪声污染较严重的现状及面临的相关问题,以一种排气净化消声装置为研究对象。前期基于CAD软件进行三维建模，并通过专业软件ICEM进行相应的网格划分，再利用Fluent软件进行流场特性分析及LMS Virtual. Lab进行声学特性分析，得出了原消声器的压力损失及传递损失图。基于得出的仿真参数，以发动机参数为依据，设计排气净化消声一体化装置的具体模型，分析计算出容积、长径比等参数，选择净化材料及布置方式，设计出一套净化消声装置。

(2) 基于CFD、LMS软件对净化消声装置进行流场及声学特性综合仿真分析。建立净化消声装置中净化材料的模型，对其多孔介质流场及声学仿真边界条件进行分析计算，同时根据传递矩阵法思想及修正的传递矩阵参数计算出了净化基体的传递矩阵；基于流场计算结果得出内部流场的速度、压力云图及传递损失图，并计算出压力损失和各频率的传递损失值；与原消声器对比，净化消声装置的流场及声学特性明显改善。

(3) 通过将净化消声器内部流体的速度场及温度场仿真结果作为声场分析计算的边界条件，运用声学有限元技术对不考虑其他因素影响而仅考虑气流因素、温度因素以及综合因素影响时的排气净化消声器的抗性声学性能进行对比研究。考虑温度场对消声器声学性能的影响，发现传递损失曲线整体向高频方向移动，每个拱形的宽度有所增加，并且相邻拱形的峰值所对应的频率值之间的间距相对来说有所增加；考虑流速对消声器声学性能的影响，发现流速在中低频段对消声器的传递损失几乎没有影响，而在高频段消声器的传递损失曲线的峰值有一定的增加趋势。对比发现温度因素对声学传递损失的影响较大，考虑温度因素影响的传递损失曲线与考虑综合因素影响下的传递损失曲线重合度较高，因此在排气净化消声器声学性能的研究中，为提高准确度并减少计算成本，可着重进行考虑温度因素影响下的声学性能研究。

(4) 以本书所提的消声器为研究对象，搭建发动机测控系统、试验台架系统和数据采集系统，组成柴油机排气噪声测试系统。通过发动机台架试验对排气消声器的声学性能和空气动力学性能进行试验，详细介绍了试验台架的组成、试验的基本步骤以及数据采集过程。通过采集柴油机在不使用消声器、使用原消声器以及使用净化消声器情况下，装置的耗油率、烟度以及噪声的1/3倍中心频率声压等数据，绘制相关图表并分析相应数据，发现排气消声器在中低频段的平均消声量偏低，具有较大的改善空间；通过分析消声器排气噪声的频谱，发现柴油机的排气噪声的中心频率声压主要集中在 10～3000 Hz 的中低频段内。对提出的不同模型进行了试验，验证了消声器声学仿真分析的可靠性。

(5) 对消声器不同的声学单元对声学性能的影响进行了研究，分别从入口端的数目和位置、腔室形状、净化材料的布置方式、穿孔隔板的有无及穿孔数展开研究。对不同基本结构单元进行了声学计算，并进行了对比，结果表明不同的排气消声器进、排气管的布置方式，净化材料的布置方式以及有无穿孔隔板的存在对消声器的声学性能影响较大。消声器入口端侧置能提高声学性能；消声器入口端数目的增加可以改善消声器在高频段内的声学性能；单进气内插管的总体消声效果要好于双进气内插管，但是峰值低于双进气内插管模型的；双进气内插管模型在高频范围内存在更多的共振峰和通过频率。分开式的净化材料布置方式以及在消声器腔体中添加适当的穿孔隔板均能够有效提高净化消声器的传递损失，改善消声器的声学性能。而对柴油机的排气噪声而言，消声器的腔室形状以及穿孔隔板的穿孔数目对声学性能的影响不大，这为后续净化消声器的改进及实验研究提供了参考依据。

(6) 在研究了消声单元对声学性能的影响的基础上进一步探究结构因子对传递损失的影响规律。针对结构因子孔密度、长径比、长短轴之比的不同提出了不同的消声器设计方案，在不同方案下对流场特性进行对比分析，并通过压力云图和速度云图分析了消声器流场的变化规律。在此基础上，进一步分析了孔密度、长径比、长短轴之比在 20～5000 Hz 频域内对传递损失的影响规律。研究结果表明，结构因子对传递损失的影响在低频范围内较小，在中高频范围内较大。此研究可为同类型消声器的优化提供一定的理论基础且具有一定的指导意义。

10.2　有待进一步研究的问题

本书针对柴油机排气消声器优化设计及声学特性存在的问题做了大量的研究工作，为消声器的设计及声学特性分析提供了一定的理论依据。但受经验和条件等因素的限制，加之作者学识和精力有限，下列研究有待深入：

(1) 一些基础的数学理论分析不够深入，一些边界条件的设定参照了实际的经验数据；同时在 Fluent 流场和 LMS 声学仿真分析过程中对速度、压力以及温度场与声学的耦合研究不够深入。此外对新型排气净化消声装置的再生时刻判断以及如何再生(再生一般指清除净化基体中的阻塞物)等有待进一步研究。

(2) 在基于传递矩阵法的排气净化消声器声学性能计算时，有均匀参数假设，在后续研究中有待进一步考虑在分区域均匀参数或截面均匀参数情况下的消声器声学性能，提高在考虑内部流场存在时的传递损失的精确度。

(3) 净化消声器结构尺寸参数优化时以特定频段内的传递损失最大化为优化目标，是单目标优化；在后续研究中可进行多目标优化，同时考虑针对特定消声薄弱频段内和全局频段内传递损失最大化。

(4) 优化过程中只对消声器的声学性能进行了优化，如何将净化消声器的净化能力以数学模型表示，并同时对净化消声器的消声性能和净化性能进行多目标优化有待进一步研究。

(5) 本书在对消声器进行声学仿真分析的过程中，没有考虑气流噪声再生的影响，事实上，当消声器内部流体的速度较高时可能会产生气流再生噪声。而在进行声学性能耦合分析时，没有考虑消声器的外壳振动对其声学性能的影响，故在后续的仿真过程中有待进一步分析。